맛있는 요리를 만드는 레시피가 있는 것처럼 웃음, 힐링, 성장을 만드는 레시피도 있을까요?
레시피팩토리는 모호함으로 가득한 이 세상에서 당신의 작은 행복을 위한 간결한 레시피가 되겠습니다.

당뇨 잡는 사계절 저당 식단 & 도시락

"못 먹는 건 없습니다, 방법만 달리하면요! 혈당 관리를 위한 맛있는 일상의 저당식을 소개해요"

"혹시 점심 도시락 싸줄 수 있어?"
7년도 더 된 어느 날, 남편이 말했습니다. 점심을 사 먹을 곳이 마땅치 않다는 것이었습니다. 당시 저는 출퇴근만 왕복 3시간이 소요되는 직장에 다녔지만, 꾸준히 집밥을 해먹어온 터라 주말에 반찬만 미리 준비하면 되지 않을까 싶어 흔쾌히 알겠다고 했습니다.

특히 당뇨와 고혈압 가족력이 있는 남편에게는 외식보다 집밥 도시락이 낫겠다고 생각했어요. '집밥이면 뭐든 더 건강하겠지'라는 생각으로 열심히 도시락을 챙겼지만, 2022년 말 남편은 당뇨 진단을 받았습니다.

대학에서 식품영양학을 전공했고 식품회사에 다니고 있었지만, 저는 배운 것을 적용하지 않고 그냥 습관대로 식사를 준비하면서 '건강한 집밥'이라고 여기고 있었던 건 아닌가 싶었어요. 아차 싶었죠.

그때부터 가족이 함께 먹을 수 있는 저당식을 공부하면서, 실천하기 시작했습니다. 회사에 나가는 주중에는 따로 요리하거나 장보기가 어려우니 일주일 단위로 식단을 구성하고, 주말에 반찬데이를 만들어 일주일간 먹을 반찬들을 미리 한꺼번에 준비했습니다. 세 끼 식사뿐만 아니라 배고픔을 못 이겨 뭔가를 쉽게 사 먹을 수 있으니, 혈당 관리에 도움을 줄 수 있는 간식과 후식도 챙기고 섭취 시간까지 남편에게 꼼꼼하게 당부했습니다.

남편은 워낙 먹는 것을 좋아하고, 새로운 음식이 나오면 도전해보는 것을 좋아합니다. 그래선지 당뇨 진단 이후 남편은 상당히 우울해했습니다. 이제 맛있는 것, 먹고 싶은 것을 못 먹으니까요.

당뇨에 걸렸다고 하면 보통 이렇게 생각하는 것 같아요. "앞으로 맛있는 건 못 먹어" 또는 "당뇨에 좋은 특별한 음식이 있을 거야". 하지만 당뇨에 걸렸다고 해서

특정 식품만 먹어야 한다거나, 일상식과 전혀 다른
생소한 당뇨 조절식만 해야 한다면 지속적인
혈당 관리가 어렵겠지요.

그래서 저는 남편이 최대한 평소와 같은 일상식을
하면서도 혈당이 관리되는 방식으로 조리를 해보기로
했습니다. 기존 식사에서 고칠 부분이 무엇인지 확인하고,
그 부분을 개선해 나갔습니다. 기존의 식습관은
놔둔 채 새로운 것만 찾는다면 혈당 관리는 분명 어려울
수밖에 없으니까요. 또한 이전 식습관을 유지한다면
아이에게도 가족력이 대물림될 수밖에 없겠지요.

자녀의 당뇨 발병률은 부모 중 한 명이 당뇨일 때 20%,
부모가 모두 당뇨일 때 30~35%라는 기사를 봤습니다.
기사를 보면서 누군가는 절망할 수도 있겠지만
저는 희망을 봤습니다. 아이의 식습관을 잘 관리하면
가족력이 대물림되지 않겠구나 하면서요.
남편의 당뇨 진단은 위기였다기보다 오히려 더 건강하게
우리 가족을 돌볼 수 있게 된 좋은 기회였다고 생각해요.

남편의 혈당 수치는 2022년 12월 공복혈당 208에
당화혈색소 10.2에서, 2023년 1월 공복혈당 175,
2월 공복혈당 133으로 점차 나아지는 결과를 보였습니다.
이어 5월에는 당화혈색소 6.6, 8월에는 6.4,
2024년 2월에는 5.9, 8월에는 5.8로 혈당을
안정적으로 관리하고 있습니다.
체중은 2022년 최고 78kg였지만, 현재는 66kg로
표준체중을 유지하고 있어요. 저 역시 남편과 함께
저당 집밥을 꾸준히 먹으며 체중이 자연스럽게
줄어드는 신기한 경험을 했어요. 딸도 잔병치레 없이
건강하게 자라고 있답니다.

어느 날 책꽂이에 꽂힌 낡고 낡은 요리책을 보면서
생각했어요. 제가 쓴 책도 그 누군가에게 이렇게 펴서
보고, 또 펴 보는 소중한 한 권이 될 수 있다면 좋겠다고요.
물에 젖은 손으로 만져서 울록불록해지고, 갖은 양념이
튀어 얼룩진 책이 되더라도 부디 단 한 사람에게라도
꼭 필요한 책이 될 수 있다면 정말 행복할 것 같습니다.
그래서 7년째 준비하고 있는 저의 저당 도시락 노하우를
이 책에 하나하나 정성을 들여 담았습니다.

돌아보면 제가 집밥과 도시락에 진심일 수 있었던 것은
매일 아침밥을 차려주고, 급식이 없던 그 시절에
하루 두 개씩 정성 가득한 도시락을 준비해주셨던
친정엄마를 보고 자란 덕분입니다. 엄마! 감사합니다.
또한 언제나 맛있다고 해주고, 음식 투정 한번 부리지
않고 싹싹 비워주는 남편에게도 고마움을 전합니다.
덕분에 어떤 음식이든 만들어보고 일취월장할 수
있었습니다. 친구들을 초대해 엄마밥을 함께 먹고 싶다고
말해주는 딸에게도 고맙다고 말하고 싶네요.

마지막으로 제가 하는 일이 결코 평범하지 않고
가치 있는 일이라고 응원하고 격려했던
박성주 편집주간님, 김상애 편집장님에게도 감사드립니다.

2024년 가을 ―――――――――― 임재영 드림

Contents

봄 도시락

여름 도시락

가을 도시락

가을 1주차

가을 2주차

가을 3주차

겨울 도시락

겨울 1주차

겨울 2주차

겨울 3주차

부록

인덱스

이 책의 모든 레시피는요!

표준화된 계량도구를 사용했습니다.

- 1컵은 200mℓ, 1큰술은 15mℓ, 1작은술은 5mℓ 기준입니다.
- 계량도구 계량 시 윗면을 평평하게 깎아 계량해야 정확합니다.
- 밥숟가락은 보통 12~13mℓ로 계량스푼(큰술)보다 작으니 감안해서 조금 더 넉넉히 담아야 합니다.

채소는 중간 크기를 기준으로 제시했습니다.

- 양파, 당근, 가지, 토마토 등 개수로 표시된 채소는 너무 크거나 작지 않은 중간 크기를 기준으로 개수와 무게를 표기했습니다.

레시피 인분수 기준을 꼭 읽어보세요.

- **반찬데이 반찬**
  일주일 도시락을 위한 것으로, 한 번에 만들기 적합한 분량입니다. 오래 보관하면 맛이 떨어지는 전은 2인분, 그 외 반찬들은 4~8인분입니다.
- **도시락의 메인 요리나 국물**
  가급적 1인분 분량으로 제시했는데, 소량 만들기 어려운 메뉴는 2~4인분을 제시했으니 1인분만 도시락에 넣고 나머지는 식사에 활용하세요.

기본 가이드

당뇨식과 저당 도시락, 준비의 모든 것

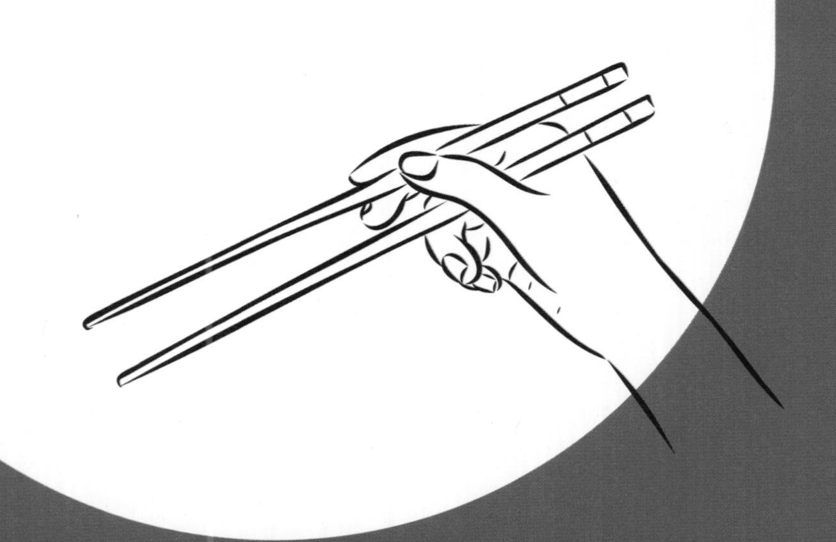

최근 우리나라도 당뇨 환자가 빠르게 증가하고 있어요.
당뇨 전단계나 당뇨병을 진단받은 분들, 가족력이 있어 당뇨를 걱정하는 분들이라면
가장 먼저 식이요법부터 고민합니다. 당뇨병을 예방하고 개선하기 위해
무엇을 어떻게 먹어야 할지 찾기 시작할 거예요.
하지만 특별한 식사법을 따라 하는 건 오래 지속하기 어렵습니다.
당뇨의 관리는 장기전이니까요!
오히려 일상식을 저당으로 건강하게 먹을 수 있는 방법을 찾고,
섭취 적정량을 지키며 천천히 식사하는 습관을 갖는 것이
당뇨병을 꾸준히 관리할 수 있는 핵심 노하우랍니다. 외식보다 맛있는
저당 도시락을 권하는 이유도 바로 그 건강한 일상식을 지켜나가기 위함이에요.

당뇨를 예방하고 관리하기 위한 기본 식사 지침

당뇨병의 치료는 **식사요법 40%, 운동요법 30%, 약물요법 30%**의 비중으로 이루어진다고 해요.
식사요법이 당뇨병 관리에서 가장 중요하며, 운동요법과 약물요법을 시행하더라도
반드시 식사요법도 같이해야 혈당 관리를 잘할 수 있답니다.

당뇨인의 기본 식사 지침 4가지

나에게 알맞은 양의 음식을 / 골고루 / 규칙적으로 / 꾸준히 식사하는 것입니다.

01 알맞은 양

나의 적정 체중에 맞는 식사량으로 먹기
* 304~305쪽 표준체중, 에너지 필요량 계산법 참고

02 골고루

탄수화물, 단백질, 지방의 균형 맞춰 식사하기
* 탄수화물 55%, 단백질 25%, 지방 20% 추천

03 규칙적

정해진 시간에 규칙적으로 식사
* 하루 식사 3회 추천, 필요할 경우 간식 1~2회 추가

04 꾸준히

꾸준한 실천으로 습관 만들기
* 책 속 반찬데이와 저당 식단, 계절별 3주 식단 추천

혈당 스파이크 낮추는 식사법 7가지

식사 후 2시간 사이에 혈당이 급격하게 상승하면서 심한 변동곡선을 그리는데,
이를 '혈당 스파이크'라고 해요. 혈당 스파이크가 자주 반복되면 췌장의 인슐린 분비 기능이
떨어지게 돼요. 일반인도 잘못된 식생활로 인해 혈당 스파이크가 반복되면 당뇨에 걸릴
가능성이 높아지는 만큼 혈당 스파이크 낮추는 건강한 식습관으로 혈당 관리를
해줄 필요가 있어요. 혈당 관리를 위해 다음과 같은 식사법을 추천합니다.

01 채소류, 단백질류를 먼저 먹고 마지막에 탄수화물 순으로 먹습니다(거꾸로 식사법).
02 정제된 탄수화물 섭취를 줄이고, 비정제된 탄수화물을 먹습니다.
03 식이섬유가 풍부한 식사를 합니다.
04 단순당이 많이 들어간 식품을 삼갑니다.
05 급하지 않게 천천히 식사합니다.
06 식품첨가물이 들어있는 초가공식품을 삼갑니다.
07 식사하기 전 초모를 함유한 식초(애플사이다비니거)를 마십니다.

"저당 식사법은 당뇨인만을 위한 것이 아닙니다. 일반인도 실천하면 최적의 영양 상태를 유지하는 데 도움이 되는 식사법입니다. 건강한 식사를 계획하고, 올바른 식사 습관을 실천해 건강한 몸을 유지하세요."

혈당 잡는 최고의 해결책, 저당 도시락을 준비하면 좋은 이유

당뇨인은 식사할 때 정제된 탄수화물이나 당류를 얼마나 섭취했는지 지속적으로 관찰해야 합니다. 하지만 외식할 때는 이를 얼마나 섭취했는지 알기 어렵지요. 이때 혈당 관리를 위한 최고의 해결책은 건강한 일상식을 도시락으로 준비하는 것입니다.

- **자신에게 알맞은 양을 섭취할 수 있어요**
  외식할 때는 음식에 사용한 재료나 먹는 양을 정확하게 파악하기 어려워요. 당뇨인은 혈당 관리를 위해 자신에게 맞는 식사량과 식단 구성이 필요하기 때문에 도시락을 준비하면 자신에게 알맞는 섭취량을 지킬 수 있어요.

- **균형 잡힌 영양소를 섭취할 수 있어요**
  식단을 계획적으로 구성해 저당 도시락을 준비하면 다양한 영양소를 균형 있게 섭취할 수 있습니다. 이전 식사 내용을 고려해 자신에게 맞는 한 끼 식사를 준비하세요.

- **규칙적으로 식사시간을 지킬 수 있어요**
  외식은 종종 대기시간이 길거나 주문에 소요되는 시간도 오래 걸려 식사시간을 예측하기 어려울 수 있습니다. 다른 사람과 함께 식사를 하게 되면 식사시간을 내 맘대로 정하지 못하는 경우도 생기고요. 도시락을 준비해 일정한 시간에 맞춰 식사를 하면 혈당을 안정적으로 관리하고 과식도 방지할 수 있어요.

- **개인의 취향을 반영할 수 있어요**
  도시락 메뉴를 정할 때 개인의 취향과 식습관을 고려하여 '맞춤' 식사를 준비할 수 있습니다. 내가 좋아하는 메뉴를 건강하게, 또한 혈당을 안정적으로 유지할 수 있도록 조리해보세요. '당뇨 환자는 먹으면 안되는 메뉴야!'라고 단정 짓지 말고 건강하게 먹는 방법을 찾아보세요.

- **비용도 절약할 수 있어요**
  최근 외식 물가가 무섭습니다. 대부분의 경우 집에서 도시락을 준비할 때 사용하는 식재료는 외식 비용보다 저렴합니다. 특히 요즘 같은 고물가 시대에 도시락을 준비한다면 경제적 부담을 줄일 수 있습니다.

재료 선택부터 조리까지 저당 도시락을 준비하는 요령

당뇨인을 위한 저당 도시락은 일반 도시락보다는 많은 기준을 지켜야 합니다.
잘못하면 도시락을 먹고 나서 혈당 스파이크를 일으킬 수 있기 때문이죠.
저당 도시락에는 기본 도시락 외에도 식전 샐러드와 식후 간식을 같이 구성하고 있는데요,
식전 샐러드는 식사 전 채소를 먼저 먹기 위한 것으로 과식을 막고 혈당 관리에도 도움을 줍니다.
식후 간식은 당뇨인이 갑자기 허기질 때를 대비한 것으로 혈당 관리에 용이한 간식으로 준비하세요.

- **제철에 나는 식재료를 사용해요** * 43쪽(봄), 107쪽(여름), 173쪽(가을), 239쪽(겨울) 참고
  제철 식재료는 신선도가 높고 고유의 맛도 좋습니다. 게다가 영양성분이 풍부하게 들어있습니다.
  제철 식재료를 더해 요리의 즐거움과 다양한 식경험을 즐겨보세요.

- **개인에게 알맞은 섭취 권장량을 계산하여 식단을 구성해요** * 304~305쪽 참고
  식품교환표에 따른 식품군 교환단위수를 참고하여, 식사량을 구성합니다.
  특히 밥은 어림잡아 눈대중으로 식사량을 정하지 말고, 저울로 적정량을 측정하세요.

- **식전 샐러드를 항상 곁들여요** * 24~25쪽 참고
  채소, 단백질, 탄수화물 순으로 먹는 거꾸로 식사법은 식후 혈당을 안정시킵니다.
  하지만 한식은 거꾸로 식사법을 적용하기에 불편할 수 있으니, 본 식사 전에 샐러드를 먼저 먹어요.

- **밥은 잡곡밥으로 바꿔요** * 26~29쪽 참고
  저당 도시락에서 밥은 혈당 관리에 가장 중요한 부분을 차지합니다. 밥을 흰쌀밥이 아닌 잡곡밥으로 바꿔보세요.
  포만감을 주고, 혈당 상승 속도를 늦추는 효과가 있습니다. 다만 소화능력이 떨어지는 분들은
  잡곡밥이 소화장애를 일으킬 수도 있으므로 흰쌀밥에 잡곡을 섞는 비율을 늘려 먹습니다.

- **자극적인 맛은 줄이고 건강한 조리법으로 요리해요**
  달고 짜고 매운 자극적인 맛들은 탄수화물 섭취를 증가시킵니다. 되도록이면 덜 달고, 덜 짜고, 덜 맵게 요리하세요.
  볶거나 튀기는 대신 무침, 찜, 데치기 등으로 조리하면 좋습니다.

- **식품첨가물이 들어있는 초가공 식품을 삼가해요**
  초가공 식품은 인공 색소 및 방부제 같은 첨가물이 많이 들어있어요. 초가공 식품은 장내 미생물의 불균형을 일으키고,
  혈당을 상승시키기도 합니다. 그래서 제품의 원재료명을 꼭 확인하는 습관을 들여야 합니다.
  가공식품은 조리 전 물에 헹구거나 데쳐서 식품첨가물을 최대한 줄여 사용하세요.

- **저당 제품과 탄수화물 대체식품을 사용해요** * 20~24쪽 참고
  혈당 관리를 위해서 대체 감미료, 저당 제품(저당 소스, 저당 빵 등), 탄수화물을 대체할 수 있는
  식품(두부면, 두유면, 코코넛랩 등)을 이용해보세요.

- **식후 간식을 저당 도시락과 함께 준비해요** * 34~38쪽 참고
  간식도 제대로 먹는다면 적정한 혈당을 유지할 수 있습니다.
  과일이나 견과류, 단백질이 풍부한 당이 오르지 않는 간식을 저당 도시락과 함께 준비합니다.

바쁜 아침,
도시락을 빠르게 준비하려면?

01 식단은 미리 계획하고 기록해두기

- 일주일 단위로 식사 계획을 세우면, 이미 가지고 있는 식재료를 활용할 수 있고, 추가로 필요한 재료를 계획적으로 준비할 수 있습니다.
- 제철 식재료 등을 포함한 다양한 식단을 구성하는 데 도움이 됩니다.
- 도시락에 담기 적합한 메뉴와 조리방법을 고려할 수 있습니다.
- 식품군별 섭취 권장량에 맞게 구성하여 영양의 균형을 맞출 수 있습니다.
- 노트나 보드에 식단 계획을 미리 적어두고 시각화하면 도시락을 쉽게 준비할 수 있습니다.

02 일주일에 한 번 반찬데이를 정해 한꺼번에 만들어두기

- 3~5일간 냉장 보관하며 먹을 수 있는 밑반찬은 반찬데이를 정해 미리 만들어둡니다.
- 일주일 단위로 4~6종 정도의 밑반찬을 미리 준비하면 도시락뿐만 아니라 집에서 식사할 때에도 좋습니다.

03 미리 만들 수 있는 메뉴는 전날 준비, 당일 아침에 조리해야 하는 메뉴도 재료는 전날 손질!

- 전날 끓여도 되는 국, 탕 종류와 데워서 담기만 하면 되는 메인 요리 등은 전날 미리 만들어둡니다.
- 당일 아침에 조리해야 하는 메뉴의 채소는 전날 세척하고 다듬어 냉장고에 보관해두세요.
- 데칠 수 있는 식재료, 불려야 할 식재료, 해동할 식재료 등이 있다면 전날 미리 준비합니다.
- 소스나 양념 등도 미리 섞어두면 좋습니다.
- 재료를 썰 때는 도시락 용기의 크기를 고려해야 조리 후 담을 때 번거롭지 않아요.

04 당일 아침에 조리하는 메뉴는 도시락에 담을 분량만 만들기

- 조리할 식재료의 양이 많아지면 조리시간도 길어집니다. 섭취 필요량만큼 저울로 재서 도시락에 담을 분량만 조리하면 시간도 단축하고 적정량만 섭취할 수 있는 장점이 있습니다.

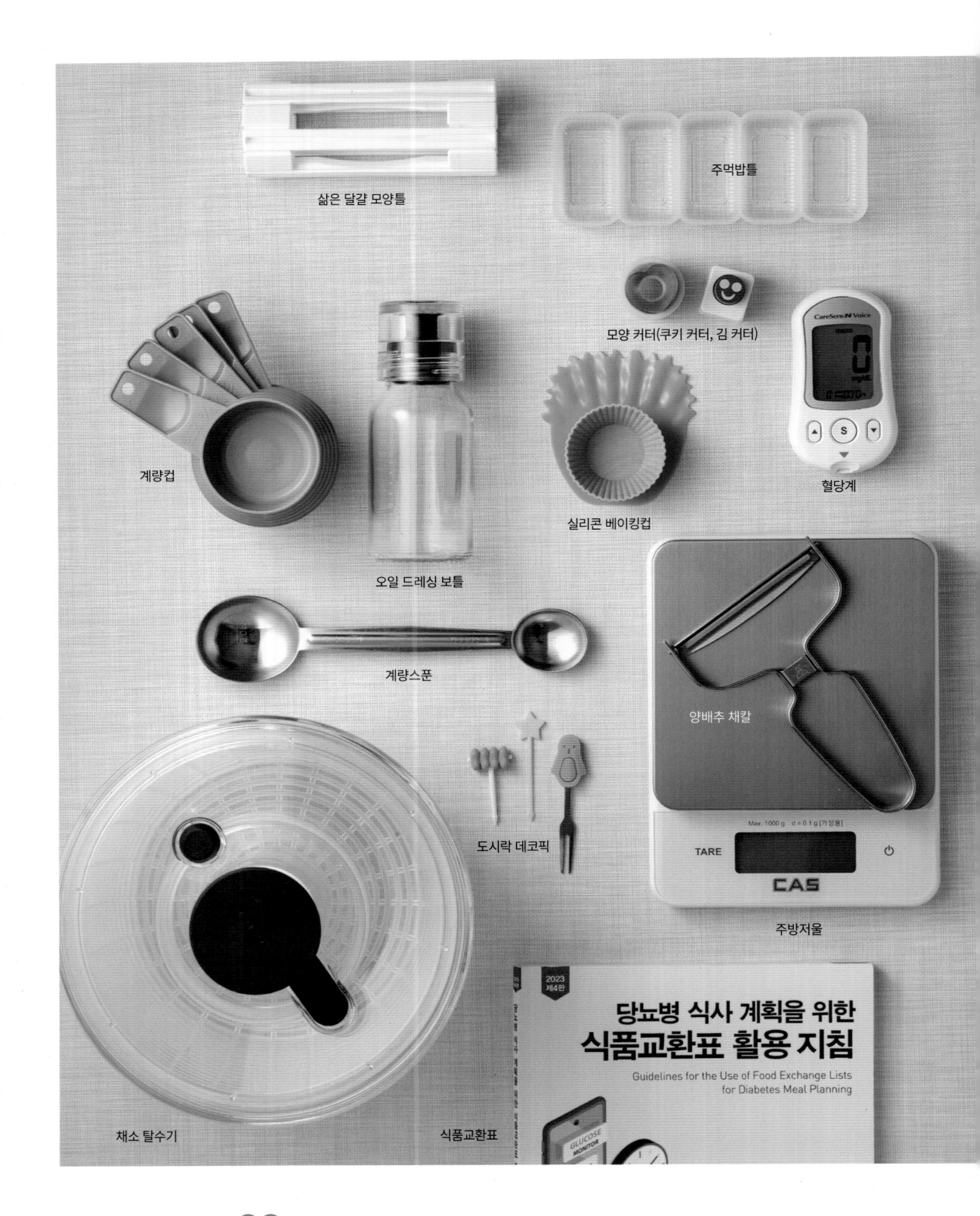
삶은 달걀 모양틀
주먹밥틀
모양 커터(쿠키 커터, 김 커터)
계량컵
혈당계
실리콘 베이킹컵
오일 드레싱 보틀
계량스푼
양배추 채칼
도시락 데코픽
TARE
CAS
주방저울
2023
제4판
당뇨병 식사 계획을 위한
식품교환표 활용 지침
Guidelines for the Use of Food Exchange Lists
for Diabetes Meal Planning
채소 탈수기
식품교환표

저당 도시락을 준비하기 위해 필요한 도구들

일반적인 조리도구, 기기들 이외에 도시락, 특히 저당 도시락을 준비하기 위해 꼭 사용하는 것들을 소개합니다. 미리 준비해두세요.

계량컵
500㎖ 유리 계량컵을 사용하고 있어요. 50㎖ 단위로 용량 눈금이 있어 편리합니다.

계량스푼
밥숟가락보다는 정확한 계량을 위해 계량스푼을 사용하고 있어요.

주방저울
당뇨식 관리를 위해 하루 섭취량을 맞추기 위함이니, 1g 단위까지 측정되고 최대 1~2kg까지 측정할 수 있는 것을 구비하세요. 눈금 저울보다는 디지털 저울을 추천해요.

혈당계 / 연속혈당계
혈당을 체크하는 의료기기. 어떤 음식이 나에게 더 예민하게 반응하는지, 음식을 먹었을 때 실제로 혈당이 어떻게 움직이는지 등을 확인하기 위해 사용해요. 또 과식을 했거나 새로운 음식을 먹은 후, 운동 후 혈당 관리에 도움이 됩니다.

식품교환표
대한당뇨병학회에서 발간하는 당뇨병 식사계획을 위한 식품교환표 활용 지침(2023년 제 4판)을 참고합니다. 식단에 6개 식품군(곡류군, 어육류군, 채소군, 지방군, 우유군, 과일군)을 골고루 구성할 수 있게 도와줍니다.

채소 탈수기
매 끼니 식전 샐러드를 준비하고, 국과 반찬 등에도 잎채소류를 많이 사용하고 있어 채소 탈수기는 필수입니다. 잎채소는 미리 씻으면 시들고 무르기 쉽기 때문에 필요 시 바로 씻어 준비해요. 저는 작은 사이즈를 사용하고 있는데, 각자 필요한 용량의 탈수기를 구비하세요.

추천 야마켄 채소 탈수기, 옥소 채소 탈수기

양배추 채칼 / 슬라이서
양배추 샐러드, 당근 라페 등을 준비할 때 채칼 또는 슬라이서를 이용하면 편리하게 준비할 수 있어요. 단, 사용 시 손을 조심하세요.

추천 시모무라 양배추 와이드 채칼

실리콘 베이킹컵
반찬을 나눠 담을 때 사용해요. 반찬끼리 섞이지 않아서 좋고 모양 변형이 가능하니 도시락 크기나 모양에 상관없이 사용할 수 있어 편리합니다.

도시락 데코를 위한 도구
후식 과일에 꽂는 도시락 픽, 모양을 내주는 쿠키 커터, 모양을 잡아주는 틀, 김 커터 등을 사용하고 있어요.

오일 드레싱 보틀
재료를 넣고 흔들면 드레싱이 완성되는 도구예요. 단위 눈금이 표시되어 있으면 오일 드레싱을 만들 때 편리합니다. 한 번에 20㎖ 정도의 드레싱을 곁들이기 때문에 가족 수와 샐러드 섭취 횟수에 따라 사용할 보틀의 용량을 정하면 됩니다.

추천 하리오 오일병 120㎖

Tip

도시락통 고를 때 꼭 살펴봐야 할 세 가지 포인트

① **밀폐력** 국물, 소스, 음식 냄새 등이 빠져나오지 않도록 뚜껑의 고무패킹이 두껍고 단단한 것을 선택하세요.

② **세척 용이성** 도시락통에는 홈이나 모서리 등이 많으니 이 부분과 고무패킹 등이 세척하기 좋은 것을 고르세요.

③ **보온 보냉 기능** 따뜻하게, 차갑게 먹어야 맛있는 음식들을 고려해 사계절 모두 보온 도시락을 추천해요.

추천 써모스 일체형 보온도시락

빠른 도시락 준비를 위해 상비해두는 식품들

한 번에 장 봐서 소분하여 냉장, 냉동, 실온 보관해두고 자주 사용하는 식품들을 소개합니다.
늘 떨어지지 않게 구비해두면 든든하답니다.

냉동 보관

- 불고기, 볶음용(쇠고기, 돼지고기)
- 국 찌개용(쇠고기, 돼지고기)
- 닭(가슴살, 다리살)
- 생선(갈치, 고등어, 삼치, 연어 등)
- 해산물(오징어, 새우살 등)

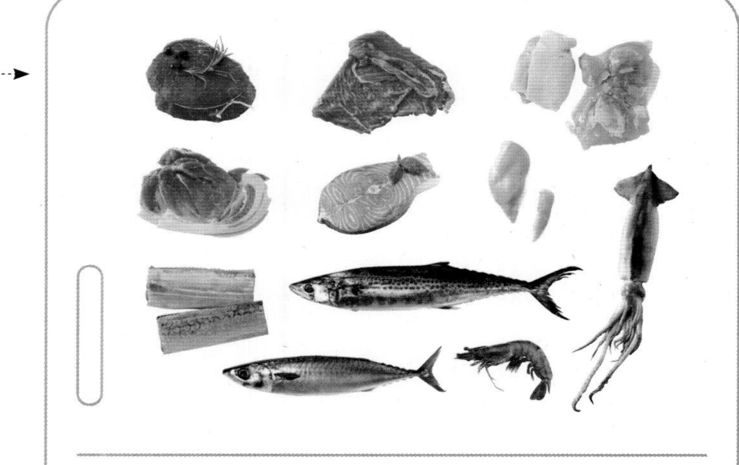

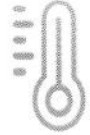

냉장 보관

- 두부
- 달걀
- 치즈
- 샐러드 채소(양상추, 양배추, 로메인 등)
- 향신채소(양파, 대파, 마늘 등)

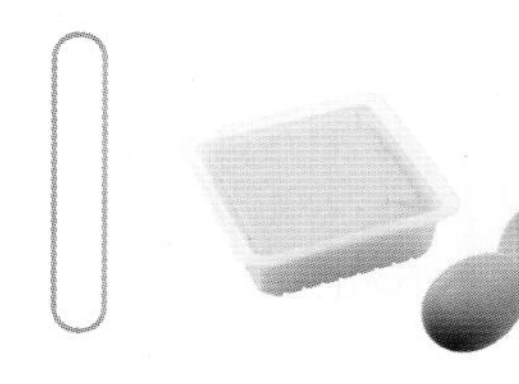

상온 보관

- 참치캔
- 건미역
- 건나물류
- 파스타류

냉동 보관

- 한번 먹을 분량만큼 소분해 보관하세요.
- 먹기 하루 전날 냉장실에서 해동해 사용하세요.
- 납작하게 얼리면 해동시간을 줄일 수 있어요.

불고기, 볶음용(쇠고기, 돼지고기)
간장 양념, 고추장 양념으로 구분해 양념하여 보관하거나, 원재료 자체로 보관하기도 해요.

국 찌개용(쇠고기, 돼지고기)
덩어리보다 한입 크기로 썰어서 보관하면 조리할 때 시간을 절약할 수 있어요.

닭(가슴살, 다리살)
샐러드 토핑이나 메인 재료로 간단히 굽거나 볶아서 사용하기 좋아요.

생선(갈치, 고등어, 삼치, 연어 등)
생선은 2~3종 정도 바꿔가며 비축하고 있어요. 주로 손질 생선, 순살 생선을 선호합니다.

해산물(오징어, 새우살 등)
국물요리, 볶음요리, 구운 요리에 두루 사용할 수 있어요. 양념해 보관하기도 하고 원재료 자체로도 보관해요.

냉장 보관

두부
국산콩을 사용하여 HACCP 인증을 받은 시설에서 생산한 제품을 선택합니다. 두부는 식물성 단백질 식품으로 다양한 메뉴에 활용이 가능해요.

달걀
달걀 표면에 난각번호의 산란일자, 닭 사육환경 등을 확인하고 신선한 것으로 선택합니다. 달걀은 자체만으로도 하나의 메뉴가 되지만 국물요리, 부재료로도 쓰임이 좋아 항상 구비해놓습니다.

치즈
치즈는 식품유형에 '치즈'라고 명기된 것을 고릅니다. 가공치즈를 이용할 경우 자연치즈 함량이 80% 이상이면서 첨가물이 적게 들어간 것을 선택해요.

샐러드 채소(양상추, 양배추, 로메인 등)
매 끼니 신선한 샐러드를 먹기 위해 2~3일 분량씩 5~6종의 샐러드 채소를 보관해요.

향신채소(양파, 대파, 마늘 등)
한식 요리에 기본으로 들어가는 양파, 대파, 마늘은 항상 구비합니다.

상온 보관

참치캔
바로 먹을 수도 있고, 국이나 찌개, 볶음요리 등에 두루 사용할 수 있어 유용해요.

건미역
국거리가 없을 때 쉽고 빠르게 이용할 수 있는 재료입니다.

건나물류(취, 토란대, 고사리 등)
채소값이 폭등하거나 갑자기 신선채소가 떨어졌을 때 언제든 불려서 사용할 수 있어서 좋아요.

파스타류(스파게티, 푸질리, 펜네 등)
듀럼밀로 만든 파스타는 다이어트와 당뇨에 도움을 줍니다. 특히 숏파스타는 샐러드 토핑 등으로도 활용하기 좋아요.

맛있는 저당 도시락을 위한 저당 양념과 제품들

일반적인 양념과 소스, 드레싱은 당뇨인들이 사용하기에는 당이 많이 첨가되어 있어 달고 자극적입니다. 혈당에 큰 영향을 주지 않는 건강한 시판 제품들을 소개합니다.

소스와 양념

알룰로스

액상과 분말 제품이 있지만, 조리 시 잘 섞이고 균일한 맛을 내기 위해 액상 제품을 주로 사용하고 있어요.

추천 마이노멀 알룰로스

당조고추 고추장 / 저당 고추장

일반 고추장에는 물엿, 조청, 꿀, 찹쌀가루 등이 들어있어 혈당을 상승시킬 수 있어요. 혈당 상승을 억제하는 성분을 함유한 당조고추로 만든 고추장, 대체 감미료를 사용한 저당 고추장을 사용해요. 고춧가루 함량이 10% 이상이고 국내산 재료를 사용한 것인지 확인하세요.

추천 마이노멀 저당 고추장, 무화당 고추장, 고맙당 저당 고추장

무가당이나 저당 토마토 케첩

케첩은 설탕과 물엿이 많이 첨가되어 있으니 무가당이나 저당 제품을 이용해요.

추천 하인즈 토마토 케첩 노슈가, 프라이멀 키친 유기농 케첩 노슈가

저당 굴소스

굴소스에도 당이 많이 함유되어 있어 혈당 관리 시 주의가 필요해요. 대체당, 밀가루, 첨가물이 들어가지 않은 제품을 사용해요.

추천 마야항아리, 비비드키친

저당 짜장소스

짜장소스에 들어있는 밀가루, 설탕, 전분 등과 각종 식품첨가물이 혈당을 올리니 저당 짜장소스를 활용해요.

추천 비비드키친 저당 짜장소스, 단백질제면소 저당 짜장소스

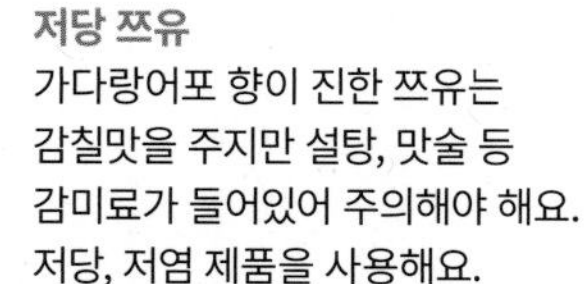

저당 쯔유

가다랑어포 향이 진한 쯔유는 감칠맛을 주지만 설탕, 맛술 등 감미료가 들어있어 주의해야 해요. 저당, 저염 제품을 사용해요.

추천 보보리쿡시 저당 쯔유, 기꼬만 혼쯔유 라이트

샐러드 드레싱

저당, 저칼로리 제품으로 나오는 시판 드레싱을 구비해두면 급할 때 이용하기 좋아요. 소비기한이 길지 않으니 2~3종을 사서 번갈아가며 사용하세요.

추천 마이노멀, 비비드키친, 월든팜스

탄수화물 대체품

건강 또띠아, 코코넛랩
밀가루 또띠아 대신
통밀 또띠아나 두부 또띠아 또는
코코넛랩을 사용해요.

저탄수 면
밀가루나 쌀로 만든 면 대신에
탄수화물이 거의 들어가지
않은 두부면, 해초면, 곤약면,
두유면, 어묵면 등을 이용해요.

천연발효 빵
통곡물이 들어있는 빵 또는
천연 발효빵인 사워도우빵을
이용해요.

떡볶이(모양) 곤약
정제 탄수화물인 떡 대신
떡볶이 곤약을 활용합니다.
떡볶이 떡 모양이어서 탕, 조림,
볶음요리에 다른 재료와 함께
두루두루 사용하기 좋아요.

추천 곰곰 떡볶이 곤약

저탄수 어묵
어묵은 으깬 생선살과 전분
또는 밀가루 등을 뭉쳐 만든
가공식품이니 어육함량이
높은 것을 선택해야 해요.
영양성분의 당함량을 확인하고
구입하세요.

추천 새로미 바른공식 0%
Up 어묵, 정직한 두부부추 어묵

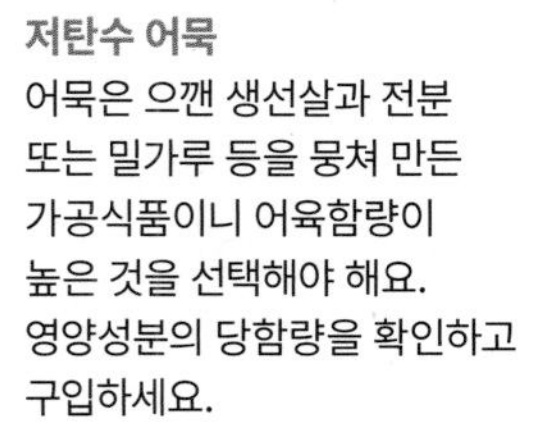

차전자피가루, 치아씨드
질경이 씨앗 겉껍질을 곱게 간
차전자피가루와 치아씨드는
수용성 식이섬유가 풍부하고
수분을 흡수하는 성질이 있어요.
전분이 필요한 부침이나 카레 등에
밀가루 대신 사용하세요.

오일

올리브유
산도 0.8% 이하인 엑스트라 버진
올리브유를 사용하고 있어요.
산도가 낮을수록 좋으며 올레산
함량이 높고, 색깔이 진한 유리병에
담긴 것으로 선택하세요.

아보카도유
다른 기름보다 발연점이 높아
활용하기 좋아요. 유기농을
사용하고, 냉압착으로 추출한
오일이면 좋아요.

기타

**무가당 땅콩버터 또는
아몬드버터**
100% 견과류이면서
무가당인 제품을 이용해요.

추천 오너티

**애플사이다식초
(애플사이다비니거, 애사비)**
식전에 애플사이다식초를
마시면 혈당을 잡아줘요.
사과 100%로 만들고 초모
(with the mother) 표시가 있는
애플사이다식초를 선택하세요.

당뇨인이 꼭 알아두어야 할 먹어도 되는 감미료 vs. 피해야 하는 감미료

설탕과 유사한 단맛을 내지만 칼로리가 전혀 없거나 매우 적은 감미료를 대체 감미료라고 합니다. 최근에는 음료마다 '제로'라는 단어를 붙여 건강을 강조하고 있는데요, 식품의약품안전처에서 승인한 대체 감미료는 22종에 이른답니다. 당뇨인들에게 좋은 대체 감미료는 무엇일까요?

혈당 관리에 도움을 주는 대체 감미료

알룰로스
스테비아
나한과
에리스리톨

알룰로스는 천연당의 일종입니다. 천연당은 천연상태에서 존재하는 당이기 때문에 정확하게 말하면 대체 감미료는 아니예요. 그래서 영양성분표에서도 탄수화물로 표시합니다. 열에 강하고 설탕과 비슷한 맛을 내면서 열량은 설탕의 1/10 수준으로 매우 낮기 때문에 저도 주방에서 가장 자주 사용하고 있어요. 그러나 알룰로스는 85°C 이상에서 장기간 가열하면 드물게 과당으로 전환되므로 주의해야 합니다.

스테비아, 나한과는 천연 감미료입니다. 식물의 잎이나 종자에서 추출한 감미료이며, 당도가 설탕의 200~300배나 되기 때문에 소량 써야 합니다.
스테비아는 끝 맛이 쓰기 때문에 에리스리톨과 섞어 사용하는 경우가 많습니다.

에리스리톨은 당알코올로 체내 흡수와 인슐린 반응 속도가 느립니다.
당알코올류 중 유일하게 제로 칼로리로 표기가 가능한 감미료입니다.

피해야 하는 대체 감미료

아스파탐
수크랄로스
아세설팜칼륨
말티톨
자일리톨

아스파탐, 수크랄로스, 아세설팜칼륨은 인공적으로 합성해 제조한 인공 감미료입니다. 설탕보다 수백 배 강한 단맛을 내는 것이 특징이며 주로 식품회사에서 사용합니다. 이들 중에서 아스파탐은 WHO 산하 국제 암연구소에서 '발암 가능 물질'로 확정했습니다.

말티톨, 자일리톨은 당알코올입니다. 당알코올은 설탕보다 당도와 열량이 낮아 과자, 아이스크림, 음료에 첨가되기도 합니다. 하지만 과도하게 섭취하면 (1일 기준 성인 40~50g, 아동 30g 이상 섭취) 더부룩함, 설사와 복통을 일으킬 수 있어요. 특히 말티톨은 혈당지수(39쪽 참고)가 52로 설탕의 혈당지수 68과 거의 차이가 없기 때문에 말티톨이 들어간 식품은 삼가는 것이 좋습니다.

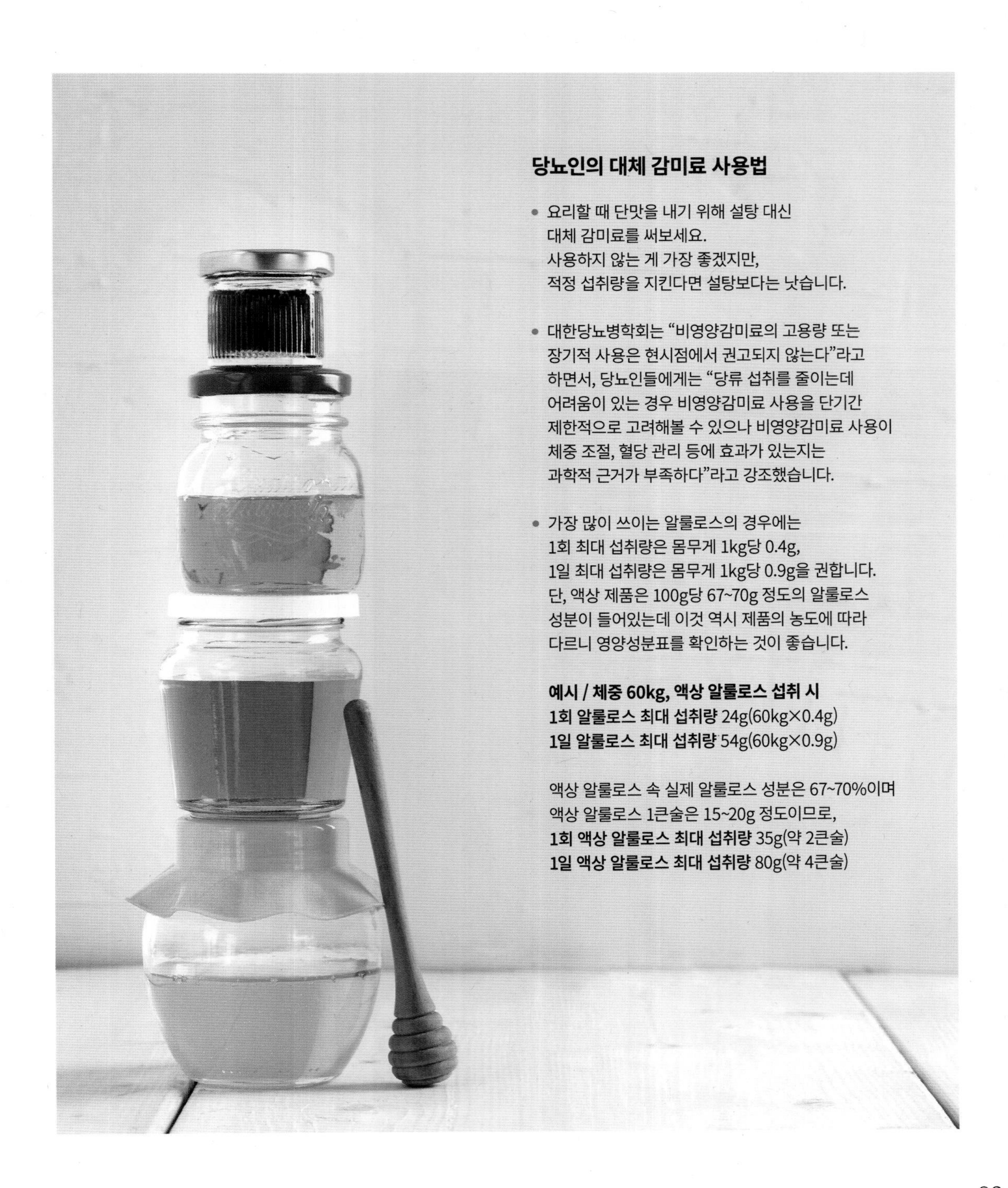

당뇨인의 대체 감미료 사용법

- 요리할 때 단맛을 내기 위해 설탕 대신 대체 감미료를 써보세요. 사용하지 않는 게 가장 좋겠지만, 적정 섭취량을 지킨다면 설탕보다는 낫습니다.

- 대한당뇨병학회는 "비영양감미료의 고용량 또는 장기적 사용은 현시점에서 권고되지 않는다"라고 하면서, 당뇨인들에게는 "당류 섭취를 줄이는데 어려움이 있는 경우 비영양감미료 사용을 단기간 제한적으로 고려해볼 수 있으나 비영양감미료 사용이 체중 조절, 혈당 관리 등에 효과가 있는지는 과학적 근거가 부족하다"라고 강조했습니다.

- 가장 많이 쓰이는 알룰로스의 경우에는 1회 최대 섭취량은 몸무게 1kg당 0.4g, 1일 최대 섭취량은 몸무게 1kg당 0.9g을 권합니다. 단, 액상 제품은 100g당 67~70g 정도의 알룰로스 성분이 들어있는데 이것 역시 제품의 농도에 따라 다르니 영양성분표를 확인하는 것이 좋습니다.

  예시 / 체중 60kg, 액상 알룰로스 섭취 시
  1회 알룰로스 최대 섭취량 24g(60kg×0.4g)
  1일 알룰로스 최대 섭취량 54g(60kg×0.9g)

  액상 알룰로스 속 실제 알룰로스 성분은 67~70%이며 액상 알룰로스 1큰술은 15~20g 정도이므로,
  1회 액상 알룰로스 최대 섭취량 35g(약 2큰술)
  1일 액상 알룰로스 최대 섭취량 80g(약 4큰술)

본격 준비 ①

저당 도시락 필수템, 식전 샐러드 준비하기

남편의 당뇨 진단 이후 가장 먼저 바꾼 것이 모든 식사 전에 샐러드를 먹는 것이었습니다.
식전 샐러드를 준비하면 하루 섭취해야 하는 과일과 채소의 권장량(약 500g)을 어렵지 않게 채울 수 있어요.
또한 먼저 섭취한 샐러드의 식이섬유가 포만감을 주어 탄수화물 섭취를 줄일 수 있고,
혈당 곡선도 완만하게 만들어줍니다.

check list

샐러드 분량은
매 끼니 70g씩 준비하세요!

- 일반적으로 상추, 브로콜리, 시금치, 양상추, 양배추 등의 1교환단위(303쪽 참고)는 70g으로, 식전 샐러드로 가볍게 먹기 알맞은 분량입니다. 다양하게 혼합해 매 끼니 70g씩 준비하세요.
- 드레싱은 미리 만들어두고, 20mℓ(1과 1/3큰술) 이내로 도시락에 따로 담습니다.

식전 샐러드 준비하기

잎채소

- 양상추, 양배추, 로메인, 루꼴라, 치커리, 이자벨, 프릴아이스, 비타민, 버터헤드, 어린잎 등
- 여러 채소들을 섞어 사용하면 다양한 질감과 맛을 느낄 수 있어 좋아요.

단단한 채소 및 과일

- 맛, 향, 식감, 색감 등을 다채롭게 하기 위해 단단한 채소나 과일을 추가해도 좋습니다.
- **채소** 셀러리, 파프리카, 브로콜리, 콜리플라워, 아스파라거스, 버섯, 오이, 당근 등
- **과일** 아보카도, 딸기, 블루베리, 무화과, 참외 등

단백질 재료 및 토핑

- 단백질, 건강한 지방 등의 영양소가 있는 재료를 더하면 더 풍성한 샐러드가 됩니다.
- **단백질 재료** 닭가슴살, 삶은 달걀, 메추리알, 두부, 새우 등
- **토핑** 견과류, 씨앗류, 콩류, 치즈, 숏파스타, 옥수수, 올리브 등

샐러드 드레싱

- 당뇨인에게 중요한 것은 드레싱입니다. 좋은 오일을 사용했는지, 당 함량이 어느 정도인지 확인해야 해요.
- 시중에 저당, 저칼로리 등으로 출시된 드레싱도 사용하지만, 보통 오일 드레싱 보틀(17쪽 참고)을 이용해 드레싱을 만들어 먹습니다.

[초간단 홈메이드 드레싱]

드레싱 1	올리브유 2큰술 + 식초 1큰술 + 소금, 후춧가루 약간씩
드레싱 2	올리브유 2큰술+ 식초 1큰술 + 홀그레인 머스터드 1/2작은술 + 소금, 후춧가루 약간씩
드레싱 3	올리브유 2큰술 + 발사믹식초 1큰술 + 알룰로스 약간 + 소금 약간
드레싱 4	올리브유 2큰술 + 레몬즙 1과 1/3큰술 + 식초 2작은술 + 소금, 후춧가루 약간씩
드레싱 5	올리브유 1과 1/3큰술 + 양조간장 1과 1/3큰술 + 식초 2작은술 + 다진 마늘 1/3작은술 + 알룰로스 약간 + 통깨 약간
드레싱 6	플레인 무가당 요거트 3큰술 + 레몬즙 1큰술 + 식초 1큰술 + 알룰로스 1/2큰술
드레싱 7	플레인 무가당 요거트 3큰술 + 레몬즙 1큰술 + 식초 1큰술 + 통깨 간 것 1큰술 + 알룰로스 1/2큰술
드레싱 8	마요네즈 3큰술 + 레몬즙 1큰술 + 알룰로스 1/2큰술 + 다진 파슬리 1큰술 + 소금, 후춧가루 약간씩

* 오일에 식초나 레몬즙, 소금, 후춧가루 등을 뿌려 심플하게 만든 비네그레트(vinaigrette) 드레싱이 당뇨인들에게 가장 좋습니다.
* 오일은 엑스트라 버진 올리브 오일을 사용하세요. 항산화성분이 풍부해 염증을 제거하고 혈당과 인슐린 수치 조절에 도움을 줍니다.
* 식초는 애플사이다비니거(애사비), 발사믹식초, 레드와인식초, 화이트와인식초 등을 선택할 수 있습니다.
* 홀그레인 머스터드와 신선한 레몬즙, 다진 마늘을 첨가하면 맛의 풍미를 더해줍니다.
  크리미한 드레싱을 원한다면 플레인 무가당 요거트나 마요네즈를 베이스로 레몬즙, 식초 등을 넣어 만들어보세요.

본격 준비 ②

혈당 관리 핵심템, 잡곡밥 준비하기

당뇨 식단에서 가장 신경이 쓰이는 부분은 바로 '밥'입니다. '한국인은 밥심으로 산다'는 말이 있을 정도로 밥은 한식 식단에서 주식이면서 탄수화물의 주된 공급원이기 때문이지요.
혈당을 관리하려면 밥은 꼭 해결해야 할 과제입니다. 밥 양은 자신의 적정체중과 열량을 구한 뒤 식품교환표(302~305쪽 참고)에 따라 필요 단위수 만큼 측정해 먹을 것을 권합니다.
또한 혈당 관리에 도움이 되는 잡곡밥을 천천히 꼭꼭 씹어 먹어야 합니다. 밥을 오래 씹고 천천히 먹어야 식후 혈당이 급격하게 오르는 것을 막을 수 있습니다. 포만감도 오래 유지되어 과식이나 폭식의 위험도 줄어듭니다.

check list

도시락의 잡곡밥 분량은 개인에 따라 달라요!

- 성인 남성(활동량 보통 기준) 175~210g 정도(약 4/5~1공기) 담아요.
- 성인 여성(활동량 보통 기준) 140~175g 정도(약 2/3~4/5공기) 담아요.
- 보다 정확한 밥의 양은 적정체중과 열량에 따라 달라지니 302~305쪽을 참고해 직접 계산해보세요.

잡곡밥 맛있게 짓기

1 **좋은 쌀 고르기**
쌀은 수분 함량이 16% 정도일 때 밥맛이 가장 좋습니다.
도정한지 15일 이내의 쌀을 선택하고, 햅쌀인지 아닌지 생산 연도도 확인하세요.

2 **계량하기**
보통 1/2컵(80~100g)을 1인분으로 밥을 지으면 양이 2.5배 정도 늘어나 1공기(200~250g)가 됩니다.

3 **씻기**
잡곡은 씻을 때 물이 빠르게 흡수돼요. 그러므로 잡곡은 정수로 씻는 것이 좋습니다.
특히 처음 닿는 물을 가장 많이 흡수하므로 나쁜 냄새가 배지 않도록 탁한 첫 물은 빨리 버리세요.
잡곡이 부서지지 않도록 조심하면서 3~4회 씻습니다. 단, 입자가 작은 잡곡은 그냥 씻을 경우
흐르는 물에 모두 쓸려갈 수 있으니 체에 담아 흐르는 물에 살살 씻으세요.

4 **밥 물 잡기**
밥 물은 씻은 잡곡 기준으로 **잡곡 : 물의 비율은 1 : 1.2 / 불린 잡곡의 경우 1 : 1** 로 잡습니다.
압력밥솥에 한해 **불리지 않은 잡곡 : 물의 비율은 1 : 1 / 불렸을 경우 1 : 0.8** 로 잡습니다.
단, 곤약을 넣을 경우 잡곡만으로 밥 물을 먼저 잡고, 곤약을 넣습니다(**곤약은 밥 물을 별도로 필요로 하지 않아요**).

5 **밥짓기**

압력솥

일반 밥솥보다 물을 적게 잡아야 질어지지 않습니다. 물의 양을 쌀과 동량(1:1)으로 잡고 뚜껑을 완전히 닫아 센 불에서 10분 정도 끓이다가 추가 움직이기 시작하면 약한 불로 줄여 3분 정도 끓입니다. 김이 새어 나오면서 밥 냄새가 나면 불을 끄고 10~15분 정도 뜸을 들입니다. 김이 완전히 빠진 것을 확인하고 뚜껑을 엽니다.

전기밥솥

전기밥솥은 쌀의 1.2배 정도 물을 붓고 취사 기능을 선택하면 실패할 일이 없습니다.
취사가 끝나고 보온으로 넘어가는 단계가 뜸을 들이는 과정인데, 10분 정도 두었다가 뚜껑을 열고 밥을 고루 뒤섞어 푭니다.

돌솥이나 뚝배기

돌솥이나 뚝배기는 바닥이 둥글고 두꺼우며 깊이가 깊고 뚜껑이 무거운 것이 좋습니다.
처음에 뚜껑을 덮고 센 불에서 7~8분간 끓인 뒤, 밥물이 끓어 넘치려고 하면 불을 조금 줄이거나 뚜껑을 살짝 열었다가 덮어 넘치지 않게 합니다.
밥물이 잦아들면 불을 약하게 줄여 10분간 뜸을 들입니다. 불을 끄고 주걱으로 위아래를 고루 섞은 뒤 5~10분간 두었다가 밥을 푭니다.

밥 보관하기

밥은 오래 두지 말고 1인분씩 담아 냉장고로 옮깁니다. 밥을 하자마자 김이 완전히 나가기 전
밀폐용기에 1인분씩 담아 냉장고에 보관하면 혈당 상승을 완만하게 하는 저항성 전분(29쪽 참고)이 생성되기 때문이에요.
냉장고에 보관했던 밥은 도시락에 담기 직전 전자레인지에서 1분 30초 정도(1인분 기준) 데우면 됩니다.

잡곡밥이 왜 좋은가요?

- 백미는 도정과정을 거치면서 식이섬유를 잃기 때문에 당질 함량이 높아져 혈당 관리에 도움이 되지 않아요. 가능하면 혈당 관리에 도움이 되는 잡곡밥을 먹는 것이 좋습니다.
- 잡곡밥에는 식이섬유가 다량 함유되어 있어 식감이 거칠게 느껴질 수 있지만 느리게 소화 흡수되고, 혈당이 천천히 오릅니다.
  백미 : 잡곡의 비율은 6 : 4 또는 7 : 3 정도가 먹기 적당할 수 있으나 혈당 관리를 위해서라면 백미를 50% 이하로 줄이고 나머지는 통곡물이나 콩류를 섞어 밥을 지어 먹는 것이 좋습니다.
- 잡곡밥은 처음 먹기에는 힘들 수 있습니다. 잡곡을 처음부터 많이 넣지 말고, 백미에 조금씩 양을 늘려가는 것을 권합니다.
- 아래 표는 백미, 잡곡 등의 비율입니다. **기본 잡곡은 현미**로 정했습니다.
  특화 잡곡1은 귀리, 보리, 파로, 카무트 등 탄수화물이 주된 영양소인 잡곡이며,
  특화 잡곡2는 렌틸콩, 병아리콩, 검은콩, 완두콩 등 단백질이 있는 잡곡입니다.

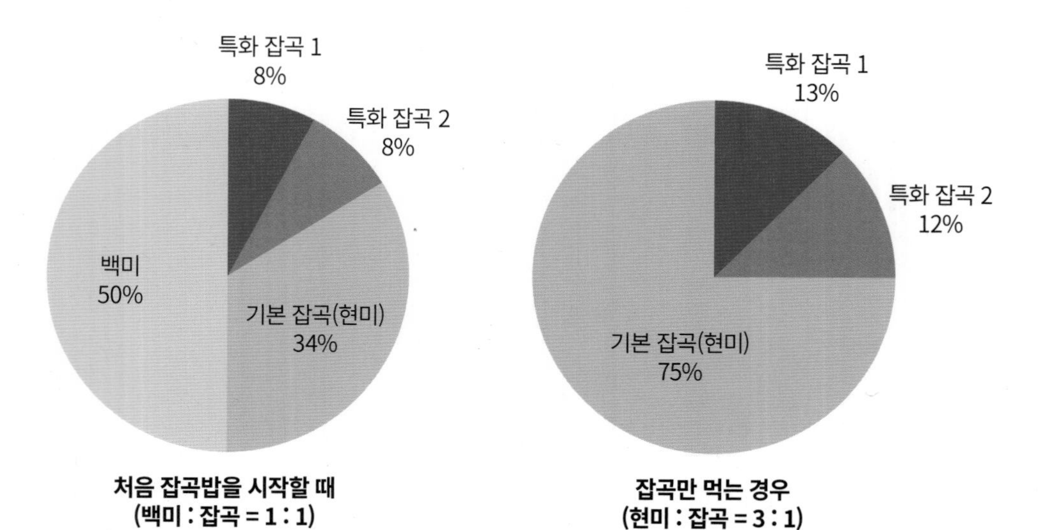

처음 잡곡밥을 시작할 때
(백미 : 잡곡 = 1 : 1)

잡곡만 먹는 경우
(현미 : 잡곡 = 3 : 1)

밥에 대해 궁금했어요!

Q —— 당뇨인에게 찹쌀은 어떤가요?

A 찹쌀은 백미(멥쌀)보다 소화 흡수가 빨라 당지수가 높습니다.
단, 잡곡밥이 찰기가 부족해 먹기 힘들 경우에는 백미 대신 찰현미를 넣어
먹는 것은 괜찮습니다.

Q —— 잡곡밥을 먹으면 소화가 안돼요.

A 잡곡밥을 먹으면 입맛이 없거나 소화가 안된다면 억지로 고집할 필요는 없습니다.
잡곡이 혈당을 천천히 올리기는 하지만, 백미보다 당질 함량이 현저히 낮지는
않거든요. 잡곡밥 대신 백미를 먹을 때는 식이섬유가 풍부한 채소들을
반찬으로 함께 먹으면 혈당을 천천히 올리는 데 도움이 됩니다.

Q —— 신장기능이 약해도 잡곡밥을 먹을 수 있나요?

A 신장기능이 약한 사람의 경우, 잡곡에 풍부한 인 성분이 잘 배출되지 않기 때문에
흰쌀밥을 먹고 섭취량을 줄이는 게 좋습니다.

Q —— 잡곡밥에 잡곡은 몇가지나 선택할 수 있나요?

A 잡곡밥은 많은 종류의 잡곡을 섞는 것보다 다섯 가지 이하로 선택하는 것이
좋습니다. 너무 많은 종류의 잡곡을 넣어 밥을 하면 오히려 영양효과가 떨어지고
소화가 잘 안될 수 있어요.

Q —— 저항성 전분밥이 궁금해요. 어떻게 만들죠?

A 밥이 식으면 따뜻할 때보다 혈당이 천천히 오릅니다. 식으면서 밥에 들어있는
전분이 저항성 전분으로 바뀌기 때문이에요. 저항성 전분은 신체에
잘 흡수되지 않고, 위에서 대장까지 도달하는데 오랜 시간이 걸리므로
혈당을 완만하게 올리고 조금만 먹어도 포만감을 줍니다.
밥을 지은 뒤 냉장고에 12시간 이상 보관하면 밥에 저항성 전분이 만들어집니다.
냉장고에 보관했던 밥은 전자레인지에 1분 30초 데워 먹습니다(1인분 기준).
다시 밥을 데우더라도 저항성 전분의 양은 줄어들지 않아요. 단, 밥을 빨리 식히고자
냉동 보관을 하면 저항성 전분이 만들어지지 않으니 주의하세요.

꼭 소개하고 싶은 당뇨에 좋은 곡물들

우리는 주로 정제된 백미로 밥을 지어 먹습니다. 흰쌀밥은 씹을 때 느낌이 부담스럽지 않고 소화 흡수율이 높기 때문입니다. 하지만 당뇨인들은 혈당을 급격히 올리는 백미보다는 통곡물을 골라야 해요. 통곡물은 식감이 거칠어서 부드럽게 넘기기 어렵지만, 식이섬유가 풍부해 혈당을 천천히 올립니다.

* 영양성분은 '농식품 올바로'를 참고했으며, 곡물 100g당 영양소 함유량을 표시했습니다.

고대곡물 Ancient grain

곡물에 들어있는 영양분을 그대로 함유하고 있어 혈당 관리에 도움을 줍니다. 대표적인 고대곡물에는 현미, 보리, 귀리, 조, 수수, 기장 등이 있습니다.

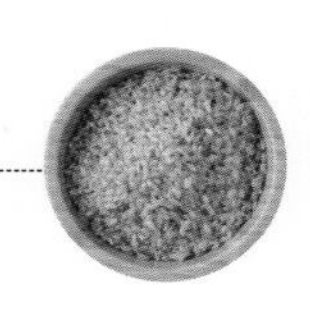

현미 (단백질 9.17g / 지방 4.11g / 탄수화물 71g / 식이섬유 15.3g)
쌀을 도정하지 않은 비정제 탄수화물이기 때문에 식이섬유가 풍부하고 포만감을 줍니다. 현미 속 리놀렌산은 콜레스테롤을 제거하고 혈당을 안정적으로 조절합니다.

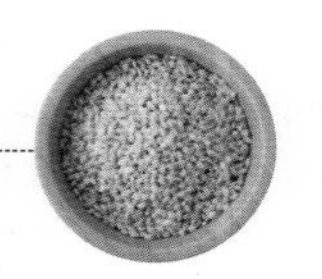

보리 (단백질 8.66g / 지방 1.66g / 탄수화물 75.04g / 식이섬유 12.5g)
곡식 중에서 혈당지수가 가장 낮습니다. 보리에 들어있는 수용성 식이섬유인 베타글루칸은 물에 녹으면 점도가 높아지고 분해되는 시간이 오래 걸려 혈당이 천천히 오르게 됩니다.

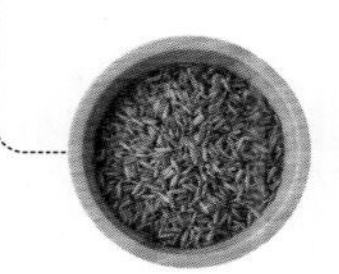

귀리 (단백질 11.14g / 지방 8.9g / 탄수화물 66.66g / 식이섬유 8.1g)
타임지가 선정한 10대 슈퍼푸드로 식이섬유가 풍부하여 포만감을 오래 지속시켜줍니다. 수용성 식이섬유인 베타글루칸이 풍부해 체내 당 흡수를 지연시켜 혈당 수치를 안정적으로 유지하는 데 도움을 줍니다.

고대밀 Ancient wheat

품종 개량을 거치지 않은 원시상태의 밀을 말합니다. 일반 밀에 비해 맛이 풍부하고 단백질 함량이 높은 편입니다.

카무트 (단백질 13.74g / 지방 1.91g / 탄수화물 71.16g / 식이섬유 11.9g)
6천 년 전 고대 이집트와 중동지역에서 주식으로 섭취했던 곡물입니다. 메소포타미아 호라산 일대가 원산지로 추정돼 '호라산밀(Khorasan wheat)'이라고도 합니다. 고소한 맛으로 혈당지수와 혈당부하지수가 낮아 탄수화물 섭취에 제한해야 하는 당뇨인이 섭취하기 좋습니다.

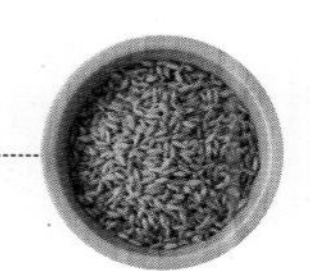

파로 (단백질 10g / 지방 3g / 탄수화물 74g / 식이섬유 10g)
파로는 약 1만 2천 년 전부터 재배되기 시작한 최초의 고대밀입니다. 엠머, 아이콘, 스펠트 세 가지 고대곡물을 통틀어 이르는 말로, 이들 중에서 주로 엠머밀을 파로라고 부릅니다. 파로는 당 함량이 낮고 저항성 전분과 식이섬유도 많이 들어있어 혈당 상승을 억제합니다.

콩류 Legume

단백질, 식이섬유, 저항성
전분이 풍부하기 때문에
혈당 관리에 도움이 됩니다.

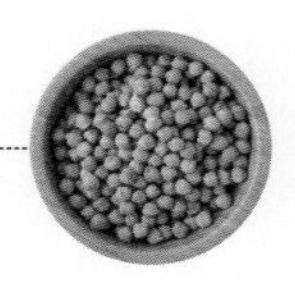

병아리콩 (단백질 9.18g / 지방 3.2g / 탄수화물 29.24g / 식이섬유 8.8g)
중동 지역에서 재배된 작물로 중동 대표 음식인 후무스의 주재료입니다.
병아리콩은 다른 콩보다 단백질, 칼슘, 식이섬유가 더 많이 포함돼 있습니다.
혈당을 천천히 올리고, 포만감을 오래 유지합니다.

렌틸콩 (단백질 9.79g / 지방 0.88g / 탄수화물 25.39g / 식이섬유 6.7g)
중동 지역에서 재배되었으며, 아랍요리에서는 없어서는 안 될 식재료입니다.
렌틸콩은 콩류 중에서도 단백질이 매우 풍부하며, 철, 칼슘, 비타민 등
우리 몸에 필요한 영양소가 고루 함유된 만능 건강식품입니다.
식이섬유도 풍부하여 혈당 조절에 좋습니다.

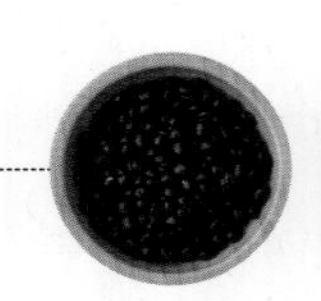

서리태 (단백질 19.02g / 지방 8.75g / 탄수화물 11.39g / 식이섬유 9.4g)
껍질은 검은색이고 속은 파란색인 검은콩입니다. 노화를 예방하는
항산화물질이 일반 콩의 4배이고, 식이섬유가 풍부해 혈당 관리를 돕습니다.
지방 함량이 중간 정도 되는 중지방 식품이므로 적정량을 넘겨 섭취하면
오히려 살이 찔 수 있습니다.

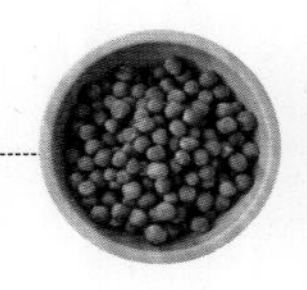

완두콩 (단백질 13.03g / 지방 1.35g / 탄수화물 27.06g / 식이섬유 11.9g)
다른 콩들에 비해 부드럽고 맛있어 콩의 비린 맛을 어려워하는
아이들에게도 좋습니다. 완두콩은 혈당지수가 낮고 식이섬유가 풍부해
탄수화물 흡수 속도를 낮춰 혈당 조절에 도움을 줍니다.

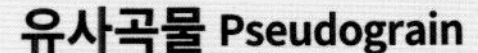

유사곡물 Pseudograin

생김새가 곡물과 비슷하여,
곡물처럼 이용하지만
볏과에 속하지 않기 때문에
곡물은 아닙니다.
곡물이 아니므로 글루텐을
함유하지 않습니다.

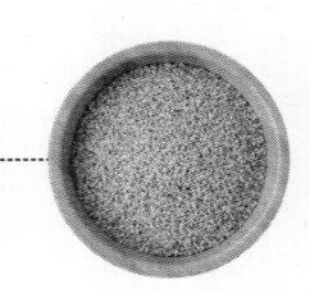

퀴노아 (단백질 9.56g / 지방 3.26g / 탄수화물 72.62g / 식이섬유 7.7g)
약 4천 년 전부터 안데스 산맥 일대 페루에서 재배하는 작물입니다.
작은 좁쌀 정도의 크기로 흰색, 붉은색, 갈색, 검은색을 띠고 있습니다.
퀴노아는 혈당지수가 낮아 혈당 관리가 필요한 당뇨환자에게 좋습니다.
또한 글루텐이 없기 때문에 글루텐에 민감한 분들에게도 좋은 식품이
될 수 있습니다.

메밀 (단백질 13.64g / 지방 3.38g / 탄수화물 67.84g / 식이섬유 6.3g)
메밀은 다른 곡류보다 단백질 함유량이 많고, 필수 아미노산이
풍부합니다. 메밀의 루틴 성분은 혈당을 조절하고 인슐린 분비를
촉진하기 때문에 당뇨 예방에 도움을 줍니다. 단, 메밀면은 제품에 따라
쫄깃한 식감을 살리기 위해 밀가루나 전분을 추가해 만들기 때문에
메밀 함량이 높은 제품을 선택해야 해요.

본격 준비 ③

도시락 효율템, 초간단 국 끓여두기

솥밥이나 볶음밥 등에 간단하게 곁들이기 좋은 국 5가지를 소개합니다.
도시락 싸기 전날에 미리 끓여두었다가 데워서 담아가면 편해요.

김칫국

2인분 / 20분

- 배추김치 150g(약 1컵)
- 대파 흰 부분 5cm
- 고춧가루 1작은술
- 다진 마늘 1작은술
- 국간장 1/3큰술
- 참치액 1작은술

멸치 다시마 국물(또는 코인 육수)

- 국물용 멸치 8마리
- 다시마 5×5cm 1장
- 물 2와 1/2컵(500㎖)

1 배추김치는 한입 크기로 썰고, 대파는 어슷 썬다.
2 냄비에 멸치 다시마 국물 재료를 모두 넣고 센 불에서 끓인다. 끓어오르면 다시마만 건져내고 중간 불로 줄여 10분 더 끓여 국물용 멸치를 건져낸다.
3 ②에 배추김치, 고춧가루, 다진 마늘, 국간장, 참치액을 넣고 센 불에서 3분간 끓인다. 대파를 넣고 불을 끈다.

어묵국

2인분 / 20분

- 어묵 100g
- 무 지름 10cm, 두께 0.5cm 1토막(50g)
- 대파 흰 부분 5cm
- 다진 마늘 1작은술
- 국간장 1/2큰술
- 참치액 1작은술

멸치 다시마 국물(또는 코인 육수)

- 국물용 멸치 8마리
- 다시마 5×5cm 1장
- 물 2와 1/2컵(500㎖)

1 어묵은 먹기 좋게 한입 크기로 썰고, 무도 어묵과 비슷한 크기로 썬다. 대파는 어슷 썬다.
2 냄비에 멸치 다시마 국물 재료를 모두 넣고 센 불에서 끓인다. 끓어오르면 다시마만 건져내고 중간 불로 줄여 10분 더 끓여 국물용 멸치를 건져낸다.
3 ②에 어묵, 무, 다진 마늘, 국간장, 참치액을 넣고 센 불에서 3분간 끓인다. 대파를 넣고 불을 끈다.

달걀국

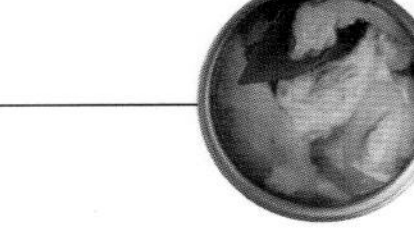

2인분 / 20분

- 달걀 2개
- 양파 1/6개(약 30g)
- 다진 마늘 1작은술
- 대파 흰 부분 5cm
- 국간장 1/2큰술

멸치 다시마 국물(또는 코인 육수)

- 국물용 멸치 8마리
- 다시마 5×5cm 1장
- 물 2와 1/2컵(500㎖)

1 볼에 달걀을 넣어 골고루 푼다.
2 양파는 0.5㎝ 두께로 채 썰고, 대파는 어슷 썬다.
3 냄비에 멸치 다시마 국물 재료를 모두 넣고 센 불에서 끓인다. 끓어오르면 다시마만 건져내고 중간 불로 줄여 10분 더 끓여 국물용 멸치를 건져낸다.
4 ③에 양파, 다진 마늘, 국간장을 넣고 센 불에서 2분간 끓이다가 달걀을 서서히 돌려가며 붓는다.
5 달걀이 살짝 익으면 불을 끄고 대파를 넣어 불을 끈다.
* 달걀이 부풀어 오르기 전에 불을 꺼요.

미소 된장국

2인분 / 20분

- 두부 100g
- 미소 된장 1/2큰술(또는 한식 된장)
- 쪽파 약간(또는 대파)

멸치 다시마 국물(또는 코인 육수)

- 국물용 멸치 8마리
- 다시마 5×5cm 1장
- 물 2와 1/2컵(500㎖)

1 두부는 사방 1.5㎝ 크기로 깍둑 썰고, 쪽파는 송송 썬다.
2 냄비에 멸치 다시마 국물 재료를 모두 넣고 센 불에서 끓인다. 끓어오르면 다시마만 건져내고 중간 불로 줄여 10분 더 끓여 국물용 멸치를 건져낸다.
3 ②에 미소 된장을 풀고, 두부를 넣어 센 불에서 2분간 끓인다. 쪽파를 넣고 불을 끈다.

미역국

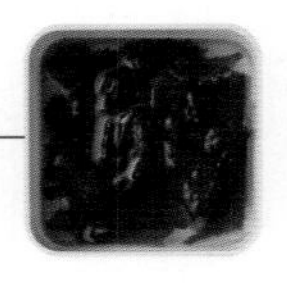

2인분 / 25분

- 말린 미역 2g
- 다진 마늘 1작은술
- 국간장 1작은술
- 참치액 1작은술

멸치 다시마 국물(또는 코인 육수)

- 국물용 멸치 8마리
- 다시마 5×5cm 1장
- 물 2와 1/2컵(500㎖)

1 볼에 말린 미역, 잠길 만큼의 물을 부어 10분간 불린다.
2 냄비에 멸치 다시마 국물 재료를 모두 넣고 센 불에서 끓인다. 끓어오르면 다시마만 건져내고 중간 불로 줄여 10분 더 끓여 국물용 멸치를 건져낸다.
3 ②에 불린 미역, 다진 마늘, 국간장, 참치액을 넣고 센 불에서 2분간 끓인 후 불을 끈다.

본격 준비 ④

먹어도 되는 간식 vs. 피해야 하는 간식

당뇨인들은 간식을 섭취하면 혈당이 상승할 수 있기 때문에 삼가야 합니다. 하지만 심한 공복감을 느낄 때는 약간의 간식으로 공복감을 줄여줘야 하는데요, 이럴 때 제대로 된 간식을 먹는다면 오히려 적당한 혈당을 유지할 수 있어요. 당뇨인의 건강한 간식 원칙은 식후 혈당이 충분히 떨어지기를 기다렸다가 혈당에 영향을 크게 미치지 않는 간식을 선택하여 알맞은 양을 천천히 섭취하는 것입니다.

check list

간식이 생각나면 다음의 세 가지를 먼저 체크해보세요!

- 식사와 식사 사이 간격이 4시간 이상인가?
- 이전 섭취 종료 후 2시간이 경과했는가? 또한 다음 식사까지 2시간 이상 남아있는가?
- 간식의 종류와 양이 적합한가?

건강한 간식 섭취는 이렇게!

01 **식사와 식사 사이 간격을 4시간 이상 늘리고, 식후 2~3시간이 지난 후 간식을 섭취해요**

건강한 식사를 위해서는 식사와 식사 사이의 시간을 4시간 이상 확보하는 것이 좋습니다.
식사를 하면 식후 2~3시간까지는 혈당이 유지됩니다.
식후 혈당이 충분히 떨어지기를 기다렸다가, 혈당에 영향을 크게 미치지 않는
간식을 적정량만 천천히 섭취하세요. * 36쪽 참고

02 **우유군, 과일군 식품은 1일 섭취 기준량 내에서 섭취해요**

우유나 과일에도 유당이나 과당 등의 당류가 있으니
식품교환표의 교환단위수에 따라 양을 정하여 섭취하세요. * 38쪽, 302~303쪽 참고

03 **식이섬유와 단백질이 풍부한 간식을 섭취해요**

식이섬유와 단백질은 당 함량이 적고 소화가 천천히 되므로 공복감을 줄여줍니다.

04 **탄수화물이나 단순당이 들어있는 식품은 피해야 해요**

탄수화물이나 단순당이 많은 간식은 혈당 수치를 높이기 때문에 삼가야 합니다.
탄수화물 식품은 간식이 아닌 식사 대용으로 섭취하세요.
단순당도 적거나 거의 들어있지 않은 간식을 먹는 게 좋습니다.

05 **물을 많이 마시는 것이 좋아요**

갈증을 배고픔으로 착각해 간식을 섭취할 수 있어요.
단지 물을 마시는 것만으로도 이런 실수를 예방할 수 있답니다.

06 **음료를 선택할 때는 당류가 없거나 제로칼로리 음료를 선택하세요**

음료 열량이 낮더라도 당류 함량이 높다면 혈당이 급격히 올라갈 수 있습니다.
음료를 선택할 때에는 당류 함량을 꼭 확인하세요.

07 **열량은 하루 200kcal을 넘지 않게 주의하고, 영양성분표시를 꼼꼼하게 확인하세요**

간식은 하루 열량 중 200kcal를 넘지 않게 주의하고,
혈당을 올릴 수 있는 당류가 포함된 제품은 당류를 하루에 섭취할 수 있는
기준량 내에서 먹어야 합니다. * 306~307쪽 참고

08 **TV를 보거나 컴퓨터를 사용하면서 간식을 섭취하지 마세요**

TV나 컴퓨터를 보면 에너지 소비가 줄어들고, 간식을 많이 먹게 되지요.
TV, 컴퓨터 보는 시간을 줄이고 고열량, 고탄수화물 식품을 집에서 없애야 합니다.

09 **오후 9시 이후 야식은 안 돼요**

저녁 식사 이후에는 간식을 먹지 않아야 합니다. 특히 오후 9시 이후에 먹는 간식은
혈당을 크게 올릴 수 있고, 숙면도 방해하니 조심하세요.

[당뇨인이 먹어도 되는 간식]

종류	먹어도 되는 간식
식사 대용	삶은 달걀, 닭가슴살
우유	흰 우유
요거트	그릭 요거트, 무가당 요거트
치즈	자연치즈
두유	무가당 두유
과일	생과일
견과류	무염 견과류 무가당 아몬드 우유 100% 땅콩/아몬드 버터
초콜릿	다크초콜릿, 카카오닙스
커피	아메리카노, 블랙커피
음료	탄산수, 제로칼로리 음료, 콤부차
기타	채소 스틱

이 간식은 왜 먹어도 되나요?

삶은 달걀 완전 영양식품이라고 알려져 있습니다. 삶은 달걀 1개는 부족한 단백질을 채우고, 허기도 달랠 수 있는 좋은 간식입니다.

흰 우유 우유에는 단백질, 칼슘, 비타민B_2 등 우리 몸에 필요한 영양소가 들어있습니다. 우유에 함유된 유당은 다른 당보다 몸에 느리게 흡수되어 혈당을 서서히 상승시킵니다.

발효 유제품(무가당 요거트, 그릭 요거트, 치즈) 발효유제품은 단백질을 많이 함유하고 있어 혈당 관리에 도움이 됩니다. 특히 그릭 요거트는 단백질과 지방 함유량이 높아 천천히 소화되므로 포만감을 오래 느낄 수 있어요. 치즈는 당질 함량은 낮지만 염분, 지방 함량이 높으므로 하루에 1~2개 정도가 적당합니다.

무가당 두유, 두유 요거트 두유에 들어있는 이소플라본은 혈당조절에 도움을 주는 것으로 알려져 있습니다. 단, 시중에 파는 두유 중에는 당이 들어있을 수 있기 때문에 무가당 두유를 선택해야 합니다.

과일 과일은 비타민과 식이섬유가 풍부하지만 당이 많이 포함되어 있기 때문에 당뇨인은 적정량을 섭취하여야 합니다. * 38쪽 참고

무염 견과류 아몬드, 호두, 땅콩, 파스타치오 등 견과류는 지방이 많아 열량이 높지만 당질 함량이 적기 때문에 간식으로 섭취해도 좋습니다. 무염 견과류, 무가당 아몬드 우유, 100% 땅콩 또는 아몬드버터를 선택하세요.

다크초콜릿과 카카오닙스 카카오 함량이 80% 이상이 되는 다크초콜릿은 폴라보노이드가 풍부해 혈당 조절에 도움이 됩니다. 카카오닙스는 카카오나무 열매의 씨앗인 카카오콩을 발효, 건조시킨 뒤 잘게 부순 것입니다. 초콜릿과 달리 떫고 쓴맛이 날 수 있으니 요거트에 뿌려먹거나 물에 넣어 차로 우려 마시는 것도 좋아요.

콤부차 콤부차는 열량이 낮고 함유된 유익균이 장내 유해균 증식을 억제해 배변활동을 촉진시키고, 소화기능을 도와줄 뿐만아니라 혈당 수치도 개선되는 효과가 있습니다. 당류가 제로인 제품을 선택합니다.

당이 들어있지 않은 음료(커피, 차, 탄산수) 커피 성분에는 생리활성 물질이 들어있어 당뇨병의 위험을 낮추는 것으로 알려져 있습니다. 에스프레소나 아메리카노를 선택하세요. 이 밖에 탄산수나 녹차, 루이보스, 보리차 등도 좋습니다.

[당뇨인이 먹으면 좋지 않은 간식]

종류	먹으면 좋지 않은 간식
식사 대용	감자, 고구마, 옥수수, 떡, 시리얼
우유	딸기, 초코, 바나나우유
요거트	가당 요거트
치즈	가공치즈
두유	가당 두유
과일	과일주스, 스무디, 말린 과일
견과류	에너지바
초콜릿	밀크 초콜릿
커피	커피믹스
음료	탄산, 이온음료나 설탕, 액상 과당이 들어있는 음료
기타	초가공식품 (스낵, 쿠키, 과자 등)

이 간식은 왜 피해야 하나요?

고구마, 감자, 옥수수, 떡 고구마 1/2개, 감자 1개, 옥수수 1/2개, 인절미 3쪽은 밥 1/3공기에 해당하는 탄수화물 식품입니다. 단순하게 간식으로 생각하기보다는 식사 대용으로 섭취해야 합니다.

과일주스, 스무디 과일 주스나 스무디는 생과일과 달리 식이섬유가 거의 없고 비타민 손실도 많아요. 식이섬유가 파괴된 과일주스, 과일즙, 말린 과일은 혈당을 빠르게 상승시키니 피하세요.

에너지바 견과류, 통곡물로 만들어졌고 단백질을 보충할 수 있다는 이유만으로 건강한 간식으로 생각할 수 있습니다. 하지만 에너지바 대부분은 설탕이나 당이 들어있기 때문에 당뇨인은 삼가야 합니다.

탄산음료, 이온음료 당 함량이 높아 혈당을 급격하게 올릴 수 있습니다. 이온음료도 물과 설탕이 주원료인만큼 음료 대용으로 마실 경우 당 섭취가 과도해질 수 있습니다.

초가공식품 식품의 맛, 색상 등을 개선하기 위한 합성감미료, 인공색소, 보존제 등 다양한 첨가제가 포함되어 있어요. 초가공식품은 당뇨, 비만, 우울증, 심혈관 질환 등 여러 건강문제와 관련이 있기 때문에 주의해야 합니다.

스낵, 쿠키, 과자 우리가 습관적으로 먹는 스낵, 쿠키, 과자 등은 단순 당질의 비율이 굉장히 높고 설탕도 많이 들어있어 간식으로 적합하지 않습니다.

Tip

간식으로 당뇨영양식 즐기기

최근 당뇨인들을 위한 당뇨영양식품이 출시되고 있습니다. 당뇨로 인해 혈당 조절이 필요할 때 간편하게 마실 수 있고, 영양을 보충할 수 있죠. 출출할 때 간식으로 마시거나, 식사 대용으로 섭취할 수 있어 좋습니다.

편의점에서 간식을 살 때 주의할 점

요즘은 설탕을 넣지 않고도 단맛은 그대로 유지하는 '제로 슈거(Zero Sugar)' 제품이 눈에 띄게 늘었습니다. 제로 슈거 제품은 설탕 대신 대체 감미료로 단맛을 내지요. 하지만 대체 감미료도 적정량 이상을 섭취하면 설사나 복통을 일으킬 수 있으며, 대체 감미료의 혈당 개선에 대해서는 아직도 결론이 나지 않은 상태이니 가급적 소량 섭취하기를 권합니다. * 22~23쪽 참고

당뇨인도 과일을 먹을 수 있나요?

과일에는 식이섬유, 비타민, 파이토케미컬, 폴리페놀 등 유익한 성분들이 많아요. 단, 당질도 함유되어 있어 많이 먹으면 혈당이 크게 상승할 수 있으니 1일 섭취량을 지키는 것이 중요합니다.

하루에 먹어야 하는 과일의 분량은?

- 일반적으로 혈당 조절을 위해 과일은 하루 1~2회, 1회당 1교환단위 정도의 양을 드세요. * 303쪽 참고
- 주스나 과일즙은 식이섬유가 거의 없기 때문에 섬유소가 풍부한 생과일로 섭취하는 것을 추천합니다.
- 가급적이면 껍질째 먹습니다.
- 말린 과일이나 당도 개량 과일은 혈당을 빠르게 올릴 수 있으니 권하지 않습니다.

하루 먹는 과일 분량(1교환단위) 환산표

봄

	눈대중량	중량
딸기	중 7개	150g
토마토	대 1개	250g
파인애플		100g
자몽	중 1/2개	150g
망고	1/2개	80g

여름

	눈대중량	중량
참외	대 1/2개	100g
수박	중 1쪽	150g
블루베리		100g
자두	대 1개	100g
살구	대 2개	150g
토마토	대 1개	250g
메론	1/10개	150g
복숭아(천도)	2개	150g
복숭아(백도, 황도)		100g
체리	8알	80g
오렌지	대 1/2개	100g

가을

	눈대중량	중량
사과	중 1/2개	100g
배	대 1/5개	100g
무화과	1개	80g
포도	소 19알	80g
포도(샤인머스켓)	대 5알	80g
포도(거봉)	9알	80g
단감	대 1/3개	80g
연시	소 1개	80g
대추(생것)		50g

겨울

	눈대중량	중량
사과	중 1/2개	100g
귤	1개	100g
한라봉		100g
딸기	중 7개	150g

사계절 내내

	눈대중량	중량
방울토마토	중 15개	200g
키위(그린, 옐로)	중 1개	80g
바나나	중 2/3개	80g

혈당지수(GI), 혈당부하지수(GL)가 궁금해요!

당뇨인이 식품을 고를 때 '혈당지수(GI)'와 '혈당부하지수(GL)'를 알면 큰 도움이 되는데요, 두 가지 중 혈당부하지수가 음식 섭취 후 혈당 변화를 더 정확히 나타내기 때문에 혈당 관리를 위해서는 혈당부하지수에 더 주의를 기울여야 해요. 또한 조리방법에 따라 식품의 혈당 반응이 달라질 수 있으니 이 점도 고려하세요.

혈당지수(Glycemic Index, GI)란?

- 혈당지수는 음식의 혈당 상승 속도를 표준점수로 수치화한 값입니다.
- 포도당 50g 섭취 시 혈당 상승 속도를 100으로 기준을 정하고, 다른 식품의 당질 50g을 먹었을 때의 혈당 상승 속도를 이와 비교할 수 있게 수치로 만들어놓은 것입니다.

GI 55 이하
저 혈당지수

GI 56~69
중 혈당지수

GI 70 이상
고 혈당지수

같은 양의 당질을 가지더라도 혈당지수가 낮은 식품일수록 섭취 후 당질의 흡수 속도가 느려 상대적으로 식후 혈당의 변화가 적습니다. 예를 들어, 같은 양의 밥을 먹더라도 혈당지수가 높은 흰밥을 먹는 것보다 혈당지수가 낮은 현미밥을 먹는 것이 혈당 조절을 위해 보다 나은 선택입니다.

혈당부하지수(Glycemic Load, GL)란?

- 혈당부하지수는 혈당지수에 1회 섭취량을 고려한 개념입니다.
- 수박은 혈당지수가 70 이상으로 도넛과 같은 고혈당 지수 식품이지만, 혈당지수대로 수박에 있는 당질을 섭취하려면 수박을 한 통 이상을 먹어야 합니다. 하지만 실제로 수박을 한 번에 한 통씩 먹는 사람은 없죠. 그래서 혈당을 높이는 속도와 당질의 밀도를 함께 고려한 혈당부하지수가 더 실질적이고 중요합니다.

식품별 혈당지수와 혈당부하지수가 알고 싶다면 오른쪽 QR 코드를 클릭해 '한국인 다소비 탄수화물 식품의 혈당지수와 혈당부하지수(농촌진흥청)'를 다운로드 받아 확인하세요.

탄수화물 식품의 GI와 GL 지수 보기

당뇨인의 슬기로운 외식생활
외식 지침과 추천 메뉴

당뇨인이 접하는 음식 중에서 세심한 확인이 필요한 건 외식입니다. 많은 양의 당분과 나트륨이 들어있거나 다양한 인공감미료가 첨가된 음식이라면 혈당을 급격하게 올립니다. 그러나 우리는 음식점에서 선택한 음식에 실제 어떤 재료를 사용했는지, 어떤 양념을 사용했는지, 얼마나 당이 들어갔는지 알 수가 없습니다. 어쩔 수 없이 밖에서 식사를 해야 되는 경우 당뇨인들은 혈당 관리를 어떻게 해야 할까요?

01 최대한 외식 횟수를 줄여요

당뇨인은 집밥을 자주 먹고 외식은 1일 1회 이하로 하는 게 좋습니다.
주말에는 외식이 잦을 수 있기 때문에 메뉴 선택에 신중해야 합니다.
외식을 할 때는 1시간 이상 먹지 않고, 특히 저녁식사의 경우 너무 늦지 않게 먹습니다.

02 탄수화물 섭취량을 줄여요

외식할 때 정제된 탄수화물을 많이 섭취하기 때문에 주의해야 합니다.

밥 메뉴를 고를 때는

백반은 채소와 나물 반찬을 많이 먹고, 밥은 약간 남깁니다.
초밥은 꽁꽁 뭉친 밥이기 때문에 밥의 양이 의외로 많고
배합초가 들어있어 혈당을 빠르게 올리니 피하세요.
비빔밥은 채소가 많이 들어있지만 고추장의 당은 조심해야 합니다.
고추장을 빼거나 덜어내고 먹습니다.

면 메뉴를 고를 때는

면요리는 빠르게 많은 양을 먹게 되며, 반찬을 거의 먹지 않기 때문에
혈당이 급상승할 수 있습니다.
파스타 면의 주재료인 '듀럼밀 세몰리나'는 단백질 함량이 많아
밀가루면보다 혈당 수치가 천천히 오르니 파스타를 추천해요.

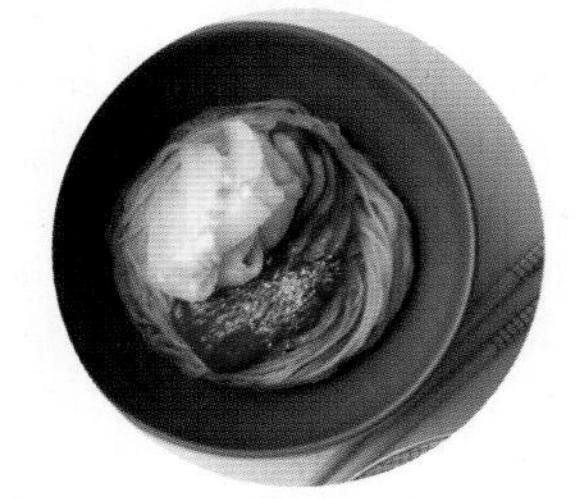

빵 메뉴를 고를 때는

잼, 크림, 과일이 들어있는 빵보다는 통밀빵, 천연 발효빵인
사워도우빵, 씨앗이나 견과류가 들어있는 빵이 좋습니다.
샌드위치와 같이 채소가 들어있는 빵 메뉴도 좋습니다.

이 외에 탄수화물인 전분이 들어있는 음식(튀김 옷, 걸쭉한 국물)은
피합니다.

03 소스와 양념이 다량 들어있는 음식은 피해요

밖에서 먹는 음식의 소스와 양념에는 자극적인 맛을 위해
당류가 많이 들어있으니 조심해야 합니다.

샐러드를 먹을 때
샐러드는 당뇨에 좋은 음식이지만 드레싱을 주의해야 해요.
오일과 식초로 만든 가벼운 드레싱을 추천해요.

스테이크, 돈가스, 탕수육을 먹을 때
소스를 끼얹지 말고 소스 없이 먹거나, 약간씩 찍어 먹습니다.

제육볶음이나 닭갈비 등과 같이 진한 양념의 고기요리 대신
수육과 같이 담백한 고단백 음식을 추천해요.
떡볶이는 떡도 혈당을 상승시키고, 소스도 달고 자극적이니
피하는 것이 좋아요.

04 거꾸로 식사법으로 채소와 단백질은 먼저 먹고, 탄수화물은 나중에 먹어요

메뉴에 샐러드가 있다면 함께 주문해 식사에 앞서 먼저 먹습니다.
탕이나 국밥을 먹을 때는 건더기를 먼저 먹고, 국물과 밥은 따로 먹습니다.
샤브샤브를 먹을 때는 채소, 고기, 해산물 순으로 먹은 후 죽이나 국수는 생략하거나 조금만 먹습니다.

05 튀김요리 대신 구운 요리를 선택해요

튀김 옷은 대부분 밀가루로 반죽하기 때문에 혈당을 급격하게 상승시킬 수 있습니다.
튀긴 요리보다는 구운 요리나 찜 요리를 선택합니다.

06 식후 디저트 대신 당 없는 음료나 산책을 권해요

아이스크림, 케이크 등 당이 많이 들어간 디저트는 삼가는 것이 좋습니다.
물이나 차, 아메리카노처럼 당이 들어있지 않은 음료를 마십니다.
또한 식사를 마친 후에는 바로 일어나 가볍게 산책을 하는 것이 혈당 관리에 좋습니다.

보다 자세한 당뇨인이 외식할 때 주의해야 할 점과 추천 메뉴 등은
옆의 QR코드를 눌러 확인하세요.

저자 블로그 참고하기

봄

도시락

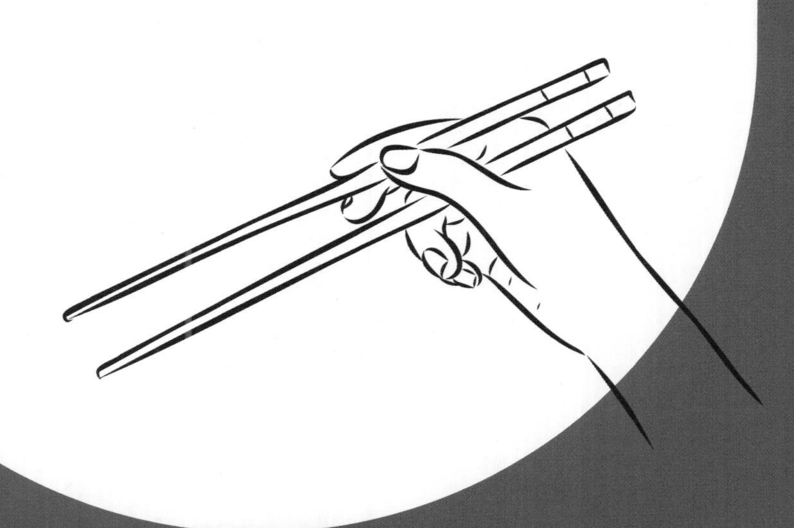

* 생채류와 나물반찬이 많아지는 계절이에요. 샐러드 등의 신선 채소 메뉴는 깨끗한 물로 씻어 물기를 충분히 제거한 뒤 조리해서 담아요. 익힌 반찬은 완전히 식은 후 담아야 도시락 용기에 생긴 습기로 인한 잡균의 번식을 막을 수 있어요. 반찬은 서로 섞이지 않도록 실리콘 용기 등으로 분리해서 담습니다.

* 봄이 되면 날씨가 풀리면서 점점 활동량이 늘어납니다. 이 시기의 당뇨인들은 당뇨병 합병증으로 발에 손상이 가지 않도록 주의해야 하는데요, 매일 발의 상태를 살피고, 발에 상처나 부종이 있는지 확인해야 합니다.

이 책의 식단과 도시락 칼로리 기준

모든 식단은 육체활동이 보통인 남성 한끼(하루 총 칼로리 2000~2100kcal의 1/3 정도)를 기준으로 합니다. 여성(하루 총 칼로리 1800kcal 정도)이나 에너지 필요량이 이보다 적을 경우, 밥이나 빵 등 탄수화물 재료의 분량을 줄이세요. 식전 샐러드와 반찬, 국물 등은 단백질 재료나 채소 등으로 구성되니 그대로 먹어도 괜찮습니다.

* 302~305쪽을 참고해 나만의 식단을 재구성해도 됩니다.

도시락에 활용하기 좋은 봄 제철 재료 리스트

○ 달래
○ 냉이
○ 방풍
○ 돌나물
○ 목이버섯
○ 쑥
○ 취
○ 미나리
○ 봄동
○ 마늘종
○ 죽순
○ 아스파라거스
○ 바지락

봄
1주차
반찬데이

미리 만들어두었다가 일주일간 활용할 수 있는
계절 반찬을 소개합니다.

마늘종 건새우볶음
45쪽

오이 참나물무침
46쪽

방풍 된장무침
46쪽

쑥 두부팽이버섯전
47쪽

마늘종 건새우볶음

6인분 / 20분

- 마늘종 200g(또는 애호박)
- 두절 건새우 20g
- 아보카도유 2큰술
- 양조간장 1/2큰술
- 맛술 1큰술
- 알룰로스 1작은술
- 참기름 1작은술
- 통깨 약간

1. 마늘종 뿌리 쪽 끝은 1cm 정도 잘라내고,
   5cm 길이로 썬다.
2. 달군 팬에 두절 건새우를 넣고 중간 불에서 2분간 볶은 후 덜어둔다.
3. 다시 달군 팬에 아보카도유를 두르고 마늘종을 넣어
   센 불에서 2분간 볶은 후, 두절 건새우, 양조간장, 맛술, 알룰로스를 넣고
   중간 불에서 1분간 볶는다.
4. 불을 끄고 참기름과 통깨를 뿌려 버무린다.

오이 참나물무침

6인분 / 20분

- 오이 1개(200g)
- 참나물 50g(또는 달래)
- 통깨 약간

양념

- 고춧가루 1큰술
- 양조간장 1과 1/2큰술
- 식초 1과 1/2큰술
- 알룰로스 1큰술
- 다진 마늘 1/2큰술
- 참기름 1작은술

1 오이는 길게 2등분한 후 어슷 썬다.

2 참나물은 5cm 길이로 썬다.

3 큰 볼에 양념 재료를 모두 넣고 섞은 후 오이, 참나물을 넣어 버무리고 통깨를 뿌린다.
* 무쳐놓았을 때 오이에서 물기가 나오니 빠른 시일 내에 먹어요.

방풍 된장무침

5인분 / 20분

- 방풍 150g(또는 참나물, 열무)
- 통깨 약간

양념

- 된장 1/2큰술(염도에 따라 가감)
- 고춧가루 1작은술
- 알룰로스 1작은술
- 다진 마늘 1/2큰술
- 다진 파 1/2큰술
- 참기름 1작은술

1 방풍은 부드러운 줄기와 잎만 준비한다.

2 끓는 물(5컵)에 소금(1큰술), 방풍을 넣고 센 불에서 30초간 데친다. 체에 밭쳐 찬물로 헹구고 물기를 꽉 짠다.

3 큰 볼에 양념 재료를 모두 넣고 섞은 후 데친 방풍을 넣어 버무리고 통깨를 뿌린다.

쑥 두부팽이버섯전

2인분 / 30분

- 두부 1/2모(150g)
- 팽이버섯 80g
- 쑥 20g(또는 깻잎, 참나물)
- 대파 15cm
- 달걀 1개
- 달걀노른자 1개
- 소금 1작은술
- 후춧가루 약간
- 아보카도유 2큰술

1 팽이버섯은 밑동을 잘라내고 1cm 길이로 썬다.
쑥은 2~3cm 길이로 썰고, 대파는 잘게 다진다.

2 두부는 으깬다.

3 큰 볼에 으깬 두부, 팽이버섯, 쑥, 대파를 넣고
달걀, 달걀노르자, 소금, 후춧가루를 넣어 잘 섞는다.
* 달걀물이 많으면 반죽이 질어질 수 있으므로 반죽 농도를 확인하며 넣어요.

4 달군 팬에 아보카도유를 두르고 ③의 반죽을 지름 4~5cm, 두께 1cm 정도의
납작한 원형으로 만들어 올려 중간 불에서 3분간 익힌다.
* 가운데 부분이 두꺼워지지 않게 만들어요.

5 한쪽이 노릇하게 익으면 뒤집어 2분간 더 익힌다.

봄
1주차
백반 세트 ①

3

2

5

4

6

저당 닭볶음탕
+
시래기 콩가루 된장국

도시락

식전 샐러드

밥과 국(미리 준비하면 편해요!)

반찬(반찬데이에 한꺼번에 만들어요!)

바로 만드는 반찬(전날 준비해 아침에 만들어도 좋아요!)

시래기 콩가루 된장국

시래기는 비타민과 미네랄이 풍부할 뿐만 아니라 무청이 건조되는 과정에서 혈당을 조절해주는 식이섬유가 3~4배 늘어납니다.
뭉근하게 익힌 시래기의 부드러움과 고소한 콩가루가 된장국에 잘 어울려요.

4인분 / 20~25분

- 데친 시래기 200g
- 대파 흰 부분 15cm
- 청고추 1/2개
- 홍고추 1/2개
- 콩가루 2큰술
- 된장 1큰술
- 다진 마늘 1/2큰술

멸치 다시마 국물

- 국물용 멸치 10마리
- 다시마 5×5cm 1장
- 물 3과 1/2컵(700mℓ)

Tip

말린 시래기를 사용한다면?
말린 시래기를 사용할 때는 여러 번 흐르는 물에 씻고, 30분 이상 삶은 후 삶은 물에 30분 정도 담가두었다가 사용해요.

색다르게 즐기려면?
콩가루 대신 들깨가루에 버무려도 좋아요. 쇠고기나 돼지고기를 추가해서 끓여도 맛있어요.

전날 준비

1 데친 시래기는 먹기 좋은 크기로 썬다. 대파, 청고추, 홍고추는 어슷 썬다.

2 냄비에 멸치 다시마 국물 재료를 넣어 센 불로 끓인다. 끓어오르면 다시마를 먼저 건져내고 중간 불로 줄여 10분간 더 끓인 후 국물용 멸치를 건진다.

3 볼에 데친 시래기의 물기를 꽉 짜서 넣고 콩가루와 버무린다.

4 ②의 국물을 중간 불에서 끓여 끓어오르면 된장을 넣어 풀고 ③의 시래기를 넣어 10분간 끓인다.

5 다진 마늘, 청고추, 홍고추, 대파를 넣어 1분간 더 끓인다.

저당 닭볶음탕

당 함량을 줄인 저당 고추장으로 만든 닭볶음탕입니다. 입맛이 없을 때 입맛 돋우기 좋은 닭볶음탕! 혈당 걱정 없이 맛있게 드세요.

4인분 / 30~40분

- 닭고기 볶음탕용 500g
- 양파 1/2개(100g)
- 당근 1/2개(100g)
- 대파 흰 부분 15cm
- 청고추 1개
- 홍고추 1개
- 아보카도유 1큰술
- 물 3컵(600㎖)

양념

- 고춧가루 2큰술
- 다진 마늘 1큰술
- 양조간장 1큰술
- 알룰로스 1큰술
- 저당 고추장 1큰술
- 생강가루 1작은술

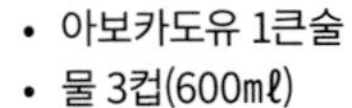

Tip

도시락에 담을 때 닭 뼈 때문에 양이 많아 보일 수 있어요. 닭 순살만 담을 때보다 넉넉히 담아야 부족하지 않아요.

전날 준비

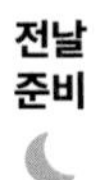

1 닭고기는 칼집을 내고 끓는 물에 넣어 1분 30초간 데친 후 체에 밭쳐 흐르는 물에 헹구고 물기를 뺀다.

2 당근, 양파는 사방 3cm 크기로 썰고, 대파, 청고추, 홍고추는 어슷 썬다.

3 큰 볼에 양념 재료를 모두 넣어 섞은 후 데친 닭고기, 당근을 넣고 골고루 버무린다.

4 냄비를 달군 후 아보카도유를 두르고 ③을 넣어 중간 불에서 2분간 볶는다.

5 물을 붓고 센 불로 올려 끓어오르면 15분간 더 끓인 후 양파를 넣고 5분간 더 끓인다.

6 대파, 청고추, 홍고추를 넣고 중약 불로 줄여 3분간 더 끓인다.

봄
1주차
백반 세트 ②

마늘소스 연어구이 + 들기름 돼지 김치찌개

도시락

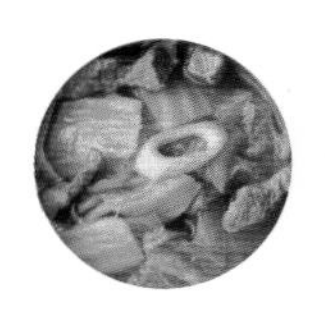

들기름 돼지 김치찌개

김치는 한국인의 밥상에 없어서는 안 될 대표적인 음식입니다. 특히 잘 숙성된 김치는 비만, 당뇨에도 효과적입니다. 숙성된 김치로 김치찌개를 끓여보세요. 사계절 상관없이 언제 먹어도 맛있어요.

4인분 / 30분

- 배추김치 200g
- 돼지고기 찌개용 100g
- 양파 1/2개(100g)
- 대파 흰 부분 15cm
- 들기름 2큰술
- 다진 마늘 1큰술
- 참치액 1큰술(김치 염도에 따라 가감)

멸치 다시마 국물

- 물 4컵(800㎖)
- 국물용 멸치 10마리
- 다시마 5×5cm 1장

Tip

더 건강하게 즐기려면?

묵은지를 사용하면 더욱 맛있어요. 설탕이 많이 들어간 김치라면 양념을 씻어냅니다. 김치찌개는 나트륨이 많으므로 건더기 위주로 먹고, 라면, 떡, 수제비, 칼국수 등의 사리 추가는 혈당을 올리는 요인이 되니 피하세요.

전날 준비

1 양파는 채 썰고, 대파는 어슷 썬다.

2 배추김치는 속을 털어내고 한입 크기로 썬다.

3 냄비에 멸치 다시마 국물 재료를 넣고 센 불에서 끓인다. 끓어오르면 다시마는 건지고, 중간 불로 줄여 10분간 더 끓이고 국물용 멸치를 건진다.

4 냄비에 들기름을 두르고 배추김치를 넣어 타지 않도록 저으면서 중간 불에서 3분간 볶는다.

5 김치가 익어가면 돼지고기를 넣고 고기의 겉면이 익을 때까지 중간 불에서 3분간 볶는다.

6 ③의 멸치 다시마 국물을 붓고, 양파, 다진 마늘, 참치액을 넣어 센 불에서 끓인다. 끓어오르면 중약 불로 줄여 10분간 뭉근하게 끓인다. 대파를 올리고 불을 끈다.

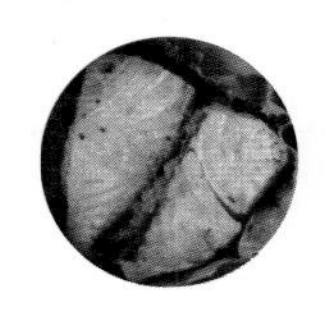

마늘소스 연어구이

대표적인 붉은 살 생선인
연어는 타임지에 슈퍼푸드로
선정된 식재료입니다.
부드럽고 가시도 없어 도시락
메뉴로 안성맞춤이에요.
연어를 섭취하면 체내에
GLP-1 호르몬 분비량이 늘어나
인슐린 생성을 도와주기 때문에
혈당조절에 아주 좋습니다.

1인분 / 전날 10분, 당일 20분

- 연어 스테이크용 100g
- 아보카도유 1큰술
- 버터 10g

밑간

- 맛술 2큰술
- 소금 1작은술
- 후춧가루 약간

마늘소스

- 맛술 1큰술
- 다진 마늘 1작은술
- 소금 약간

Tip

더 든든하게 먹고 싶다면?
브로콜리, 방울토마토, 아보카도,
양파 등의 채소를 구워서
곁들여 먹으면 더욱 맛있어요.

전날 준비

1 연어에 밑간 재료를 골고루 뿌린다.

2 볼에 마늘소스 재료를 넣어
골고루 섞는다.
준비한 재료는 냉장 보관한다.

당일 준비

3 달군 팬에 아보카도유를 두르고
중간 불에서 연어를 껍질이 밑으로
가도록 올려 10분간 굽는다.
* 에어프라이어 이용 시 200°C에서
15분간 굽고, 연어가 익어갈 때
버터와 스테이크 마늘소스를 얹어
3분간 더 구워요.

4 연어의 밑면이 바삭하게 익으면
뒤집어 5분간 더 익힌다.
* 살이 부드러워 자주 뒤집으면
부스러질 수 있어요.

5 연어가 다 익어가면 버터를 넣어
녹이고 마늘소스를 부어
약한 불에서 2분간 연어에
끼얹으면서 익힌다.

봄
1주차
별미밥 세트 ①

4

2

3

바지락 무밥 + 차전자피 떡갈비

도시락

식전 샐러드

① 샐러드 채소 + 드레싱 ········· 24쪽

밥과 국(미리 준비하면 편해요!)

② 바지락 무밥 ········· 58쪽
③ 김칫국 ········· 32쪽

바로 만드는 반찬(전날 준비해 아침에 만들어도 좋아요!)

④ 차전자피 떡갈비 ········· 59쪽

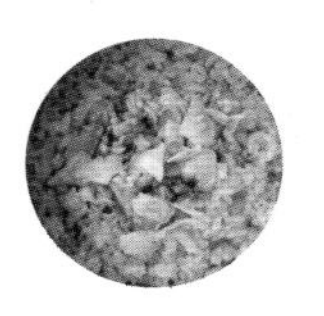

바지락 무밥

산뜻한 맛이 가득한
바지락 무밥은 떡갈비와
잘 어울려요. 바지락에는
혈당수치를 정상으로
유지하는데 도움을 주는
크롬성분이 다량 함유되어
있어서 제철에 꼭 챙겨
먹는 답니다.

2인분 / 전날 30분, 당일 30분

- 현미 1컵
- 바지락살 50g
- 무 지름 10cm, 두께 0.6cm 1토막(60g)
- 생강술 1큰술
- 참기름 1작은술

다시마물
- 다시마 5×5cm 1장
- 물 1컵(200㎖)

비빔장
- 다진 청고추 1/2개분
- 다진 홍고추 1/2개분
- 양조간장 1큰술
- 맛술 1작은술
- 알룰로스 1작은술
- 참기름 1작은술
- 통깨 약간

전날 준비

1 바지락살은 찬물에 흔들어 씻어 물기를 뺀다. 볼에 다시마물 재료를 넣어 30분 정도 우린다.

2 무는 0.5cm 두께로 채 썬다. 현미는 씻어 물에 30분간 불린 후 체에 물기를 없앤다.

3 볼에 비빔장 재료를 모두 넣어 골고루 섞는다. 준비한 재료는 냉장 보관한다.

당일 준비

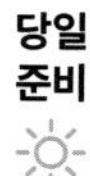

4 냄비에 불린 현미, 무를 올리고 ①의 다시마물을 부어 밥을 한다.

5 달군 팬에 바지락살, 생강술, 참기름을 넣어 센 불에서 1분간 볶는다.

6 냄비에 불린 현미, 다시마물을 넣고 센 불에서 10분 정도 끓인다. 중간중간에 바닥까지 긁어 저어가며 밥이 눌어붙지 않게 한다. 약한 불로 줄여 10분 정도 더 끓인 후 불을 끄고 ⑤의 바지락살을 올려 10분간 뜸을 들인다. * 바지락살은 마지막에 넣어야 질겨지지 않아요. 도시락에 비빔장은 따로 담아요.

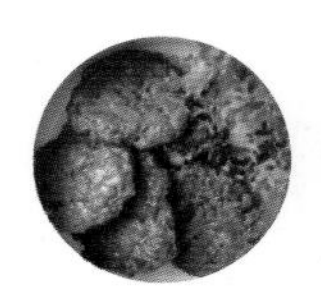

차전자피 떡갈비

떡갈비를 요리할 때
전분 대신에 차전자피가루를
넣어보세요. 80% 이상이
식이섬유로 구성되어 있는
차전자피가루는
혈당을 조절해줍니다.

2인분 / 전날 40분, 당일 20분

- 다진 쇠고기 100g
- 다진 돼지고기 100g
- 달걀 1개
- 다진 양파 1/4개분(50g)
- 다진 파 1큰술
- 다진 마늘 1작은술
- 양조간장 3/4큰술
- 알룰로스 1큰술
- 차전자피가루 2작은술
- 생강가루 1작은술
- 후춧가루 약간
- 아보카도유 2큰술

Tip

시판 제품을 사용하고 싶다면?
시판 떡갈비에는 전분, 설탕 등이 들어있으므로 원재료와 영양정보를 확인하세요.

전날 준비

1 쇠고기, 돼지고기는 키친타월에 올려 핏물을 뺀다.

2 볼에 쇠고기, 돼지고기를 넣고 나머지 재료를 모두 넣어 골고루 섞는다.

3 한 덩어리가 되도록 골고루 치댄다.

4 반죽을 8등분한 후 동그랗게 만들고 양손바닥으로 눌러서 납작하게 만든다. 준비한 재료를 냉장 보관한다. * 반죽 가운데 부분을 약간 눌러주면 구울 때도 골고루 익힐 수 있어요.

당일 준비

5 달군 팬에 아보카도유를 두르고 떡갈비를 올려 중약 불에서 10분간 뒤집어가며 노릇하게 앞뒤로 굽는다. * 떡갈비는 미리 만들어 애벌로 익힌 뒤 냉동실에 보관하면 급할 때 도시락 반찬으로 이용하기 좋아요.

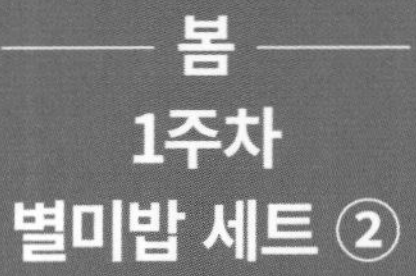

식전 샐러드

① 샐러드 채소 + 드레싱 24쪽

밥과 국(미리 준비하면 편해요!)

② 전복 돼지고기 솥밥 61쪽

③ 미역국 33쪽

전복 돼지고기 솥밥 도시락

전복은 단백질과 미네랄이 풍부한 영양식품입니다. 깊은 감칠맛과 쫄깃한 식감의 전복을 넣은 솥밥에 영양부추 비빔장을 곁들이면 봄내음과 건강을 한 번에 먹는 것 같답니다.

2인분 / 전날 20분, 당일 40분

- 현미 1컵
- 전복 3마리(중간 크기, 140g)
- 다진 돼지고기 150g
- 당근 1/3개(50g)
- 아보카도유 1큰술

전복 내장 양념
- 전복 내장 3개분
- 청주 1큰술
- 양조간장 1/2큰술
- 다진 마늘 1작은술
- 참기름 1작은술

돼지고기 밑간
- 양조간장 1/2큰술
- 청주 1큰술
- 다진 마늘 1작은술
- 후춧가루 약간

영양부추 비빔장
- 영양부추 2줄기(5g, 또는 쪽파)
- 양조간장 2큰술
- 참기름 1작은술
- 알룰로스 1작은술
- 고춧가루 1작은술
- 통깨 1작은술

Tip

전복 손질이 어렵다면?
깨끗이 씻은 전복 겉면에 끓는 물을 골고루 부은 뒤 껍질과 살 사이에 숟가락을 넣어 숟가락 뜨듯이 전복을 들어올리면 쉽게 떼어낼 수 있어요. 내장이 터질 수 있으니 주의하세요.

전날 준비

1 손질한 전복은 내장과 살을 따로 분리한다. 전복살 1개는 얇게 모양대로 썰고, 2개는 윗면에 0.5cm 간격의 바둑판 모양으로 칼집을 넣는다. 전복 내장은 곱게 다지고, 볼에 넣어 전복 내장 양념 재료와 섞는다.

2 당근은 잘게 다진다. 다진 돼지고기는 밑간 재료와 버무려둔다.

3 영양부추는 송송 썬 후 나머지 비빔장 재료와 함께 섞는다. 현미는 씻어 물에 30분간 불린 후 체에 물기를 없앤다. 준비한 재료는 냉장 보관한다.

당일 준비

4 달군 팬에 아보카도유를 두르고 얇게 썬 전복살, 돼지고기, 당근을 넣어 센 불에서 1분간 볶는다.

5 다른 팬을 달군 후 칼집을 넣은 전복을 넣고 중간 불에서 앞뒤로 뒤집어가며 2분간 굽는다.

6 냄비에 현미와 ①의 전복 내장 양념을 넣고 센 불에서 1~2분간 볶는다. 물(1컵)을 넣고 뚜껑을 덮어 센 불에서 끓어오르면 중간 불로 줄여 10분간 끓인다. 약한 불로 줄여 10분간 더 끓인 후 밥물이 거의 잦아들면 ④, ⑤를 올려 약한 불에서 10분간 뜸 들인다.
* 도시락에 비빔장은 따로 담아요.

봄
1주차
별식 세트 ①

식전 샐러드

① 샐러드 채소 + 드레싱 ········· 24쪽

식사(미리 준비하면 편해요!)

② 두툼 두부 샌드위치 ····················· 63쪽

두툼 두부 샌드위치 도시락

빵 대신 두부를 이용해서
만드는 샌드위치예요.
부드러운 재료지만 수분을
날리고 쫀쫀하게 구운 두부로
샌드위치를 만들어서 먹으면
혈당관리에 좋아요.

1인분 / 전날 15분, 당일 25~30분

- 두부 300g
- 달걀 1개
- 슬라이스 치즈 2장
- 토마토 슬라이스 2개
- 로메인 2장
- 노랑 파프리카 20g
- 적양파 슬라이스 15g
- 양송이버섯 20g
- 소금 1/2작은술
- 홀그레인 머스터드 1작은술
- 아보카도유 3큰술
- 크림치즈 1큰술

양송이버섯 양념

- 양조간장 1/2작은술
- 식초 1/2작은술
- 후춧가루 약간

Tip

단단한 샌드위치를 만들려면?

샌드위치 재료를 올릴 때 두부를
세게 누르면 부서질 수 있으니 주의해요.
두부를 충분히 익혀 수분을 날려야
계속 수분이 빠져나오지 않아요.

전날 준비

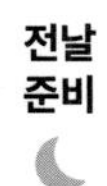

1 두부는 넓적하게 2등분해
키친타월에 올려 물기를 제거하고
소금, 후춧가루를 뿌려 밑간한다.

2 토마토, 노랑 파프리카는 0.5cm
폭으로 슬라이스한다. 얇게 썬
적양파는 찬물에 10분 정도 담갔다가
체에 밭쳐 물기를 뺀다.
양송이버섯은 얇게 편으로 썬다.
준비한 재료는 냉장 보관한다.

당일 준비

3 달군 팬에 아보카도유(1큰술)를
두르고 양송이버섯, 양송이버섯
양념 재료를 넣어 1분간 익힌 후
덜어둔다.

4 달군 팬에 아보카도유(1큰술)를
두르고 두부를 올려 수분이 충분히
날아갈 때까지 중약 불에서 10분간
노릇하게 굽는다. 한 면이 다 익으면
뒤집어 다시 10분간 더 굽는다.

* 불이 세면 타기 쉬우므로 주의해요.

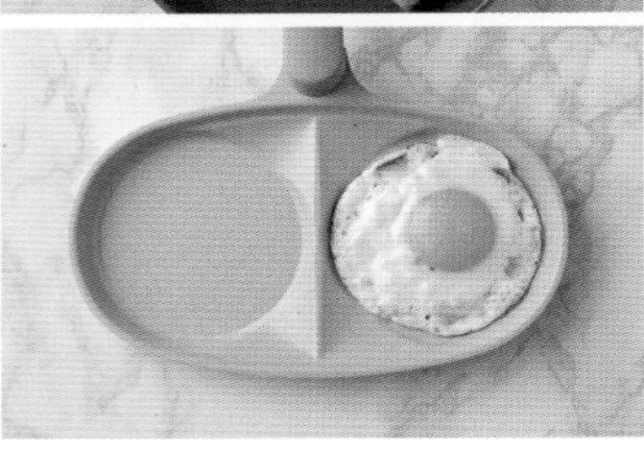

5 달군 팬에 아보카도유(1큰술)를
두르고 중간 불에서 달걀 프라이를
한다. 한 면이 다 익으면 뒤집어
1분간 더 익힌다.

6 두부 1개에는 홀그레인 머스터드,
다른 1개에는 크림치즈를 펴 바른다.
홀그레인 머스터드를 바른 두부
→ 로메인 2장 → 토마토 슬라이스
→ 적양파 → 파프리카 → 달걀 프라이
→ 양송이버섯 → 슬라이스 치즈
→ 로메인 2장 → 크림치즈를 바른 두부
순으로 올린다.

봄
1주차
별식 세트 ②

구운 두부와 참나물 포케 도시락

북아프리카와 중동의 인기 식재료인 쿠스쿠스는 혈당을 천천히 올리기 때문에 당뇨인들이 먹기에 좋아요. 고단백식품인 두부를 듬뿍 넣어 건강한 포케 도시락을 만들어보세요.

1인분 / 전날 20분, 당일 25~30분

- 현미밥 2/3공기(120g)
- 두부 1/3모(100g)
- 쿠스쿠스 30g
- 당근 20g
- 양파 20g
- 참나물 20g
- 양상추 40g
- 통조림 옥수수 30g
- 아보카도유 1큰술
- 소금 약간

포케 소스

- 양조간장 1/2큰술
- 맛술 1작은술
- 알룰로스 1작은술
- 참기름 1작은술
- 통깨 1작은술

전날 준비

1 당근, 양파는 채 썰고, 참나물, 양상추는 1cm 폭으로 썬다.

2 당근은 소금을 뿌려 두고, 양파는 얼음물에 10분간 담가 매운맛을 뺀 후 체에 밭쳐 물기를 뺀다.

3 두부는 물기를 빼고 사방 1cm 크기로 썬다.
* 전자레인지에 1분간 돌리거나 면포로 감싸 무거운 것으로 눌러 놓으면 빨리 물기를 뺄 수 있어요.

4 볼에 포케 소스 재료를 넣어 골고루 섞는다. 준비한 재료는 냉장 보관한다.

당일 준비

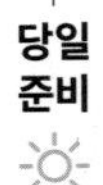

5 쿠스쿠스는 육수 건지개나 촘촘한 체에 넣고 뜨거운 물을 부어 익힌다.
* 쿠스쿠스는 입자가 작아서 뜨거운 물을 끼얹어주는 것만으로도 익어요.

6 달군 팬에 아보카도유를 두르고 두부를 올려 중간 불에서 모든 면을 돌려가며 10분간 익힌다. 그릇에 현미밥을 담고 나머지 재료를 돌려 담고 포케 소스를 곁들인다. * 도시락에 포케 소스는 따로 담아요.

봄 2주차 반찬데이

미리 만들어두었다가 일주일간 활용할 수 있는
계절 반찬을 소개합니다.

목이버섯 두반장볶음
67쪽

돌나물 & 초고추장
68쪽

취나물
68쪽

양송이버섯 아스파라거스볶음
69쪽

목이버섯 두반장볶음

8인분 / 20분

- 생목이버섯 180g
- 양파 1/4개(50g)
- 빨강 파프리카 30g
- 노랑 파프리카 30g
- 대파 20g
- 아보카도유 1큰술
- 통깨 약간

양념

- 두반장 1/2큰술
- 저당 굴소스 1작은술
- 알룰로스 1작은술
- 다진 마늘 1작은술

1 목이버섯은 나무에 붙어있던 부분만 가위로 제거하고, 한입 크기로 찢는다.

2 양파, 파프리카는 사방 2cm 크기로 썰고, 대파는 송송 썬다.

3 볼에 양념 재료를 넣어 섞는다.

4 달군 팬에 아보카도유를 두르고 대파를 넣어 센 불에서 2분간 볶는다.

5 대파 기름이 나오면 양파, 파프리카를 넣어 2분간 볶다가 목이버섯, 양념을 넣어 3분간 더 볶은 후 통깨를 뿌린다.

Tip

두반장이 없다면?

두반장 대신 된장 1/2큰술, 저당 고추장 1/2큰술, 고춧가루 1/2작은술, 해물육수(다시마물) 약간, 양조간장 1/2큰술, 알룰로스 1/2큰술을 섞어서 사용하세요.

돌나물 & 초고추장

4인분 / 15분

- 돌나물 150g(또는 데친 미나리)

초고추장

- 저당 고추장 2큰술
- 식초 2큰술
- 알룰로스 1큰술
- 통깨 약간

1 돌나물은 긴 것만 한입 크기로 썬다.

2 볼에 초고추장 재료를 넣어 골고루 섞는다.
* 초고추장은 따로 담아 보관한 후 곁들여요.

취나물

4인분 / 15분

- 취 150g(또는 말린 취 30g)
- 다진 마늘 1/2큰술
- 다진 파 1/2큰술
- 국간장 1큰술
- 참기름 1작은술
- 통깨 약간

1 취는 흐르는 물에 깨끗이 씻어
굵은 줄기만 잘라내고 한입 크기로 썬다.

2 끓는 물(5컵)에 소금(1/2큰술), 취를 넣어
센 불에서 1분간 데친다. 체에 밭쳐
찬물로 여러 번 헹군 뒤 물기를 꽉 짠다.

3 볼에 데친 취, 다진 마늘, 다진 파, 국간장을
넣고 잘 버무린다. 참기름, 통깨를 뿌려
다시 한번 버무린다.

양송이버섯 아스파라거스볶음

6인분 / 20분

- 양송이버섯 200g
- 아스파라거스 100g(또는 줄기콩)
- 마늘 3개
- 아보카도유 2큰술
- 양조간장 1큰술
- 후춧가루 약간

1. 아스파라거스는 밑동을 제거하고 껍질을 벗긴 뒤 3~4cm 길이로 썬다. 양송이버섯은 4등분하고, 마늘은 편 썬다.
2. 달군 팬에 아보카도유를 두르고 마늘을 넣어 센 불에서 1분간 볶은 후 아스파라거스를 넣어 2분간 더 볶는다.
3. 양송이버섯을 넣고 2분간 볶은 뒤 양조간장, 후춧가루를 넣어 2분간 더 볶는다.

봄
2주차
백반 세트 ①

1
2
3
5

우엉 제육볶음 + 냉이 된장국

도시락

식전 샐러드

밥과 국(미리 준비하면 편해요!)

반찬(반찬데이에 한꺼번에 만들어요!)

바로 만드는 반찬(전날 준비해 아침에 만들어도 좋아요!)

냉이 된장국

냉이는 혈당지수(GI지수)가 15~25로 낮고 식이섬유가 풍부해 혈당을 안정적으로 관리할 수 있어요. 또한 비타민도 풍부해 봄철 무기력함을 쫓아준답니다. 향긋한 냉이 된장국으로 봄기운을 얻어보세요.

4인분 / 30분

- 냉이 4줌(80g, 또는 쑥)
- 대파 흰 부분 15cm
- 된장 1큰술
- 다진 마늘 1/2큰술
- 홍고추 1/4개
- 청고추 1/4개

멸치 다시마 국물

- 국물용 멸치 10마리
- 다시마 5×5cm 1장
- 물 4컵(800mℓ)

Tip

냉이의 초록을 살리고 싶다면?
도시락 담기 직전에 냉이를 넣어 끓여보세요.
냉이는 칼슘 함량이 높아 체내에 결석이 있는 사람은 과다 섭취하지 않도록 주의해야 해요. 입맛에 따라 두부, 콩나물을 추가해도 좋아요.

전날 준비

1 냉이는 5cm 길이로 썬다. 대파, 홍고추, 청고추는 어슷 썬다.

2 냄비에 멸치 다시마 국물 재료를 넣고 센 불에서 끓인다. 끓어오르면 다시마를 건져내고 중간 불로 줄여 10분간 더 끓인 후 국물용 멸치를 건진다.

3 ②에 된장을 풀고 센 불로 끓인다. 냉이를 넣고 중간 불로 줄여 5분간 더 끓인다.

4 다진 마늘, 대파, 청고추, 홍고추를 넣어 1분간 더 끓인다.

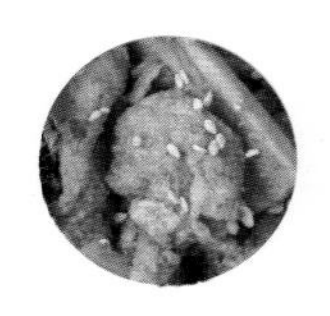

우엉 제육볶음

우엉에는 수용성 식이섬유인 이눌린, 불용성 식이섬유인 리그린과 셀룰로오스가 있어 혈당 상승을 억제하고 나쁜 콜레스테롤 배출을 도와줍니다. 저당 고추장을 넣어 더욱 건강한 제육볶음을 만들어보세요.

2인분 / 전날 15분, 당일 15분

- 돼지고기 불고기용 200g
- 우엉 80g
- 대파 15cm
- 아보카도유 1큰술
- 통깨 1작은술

양념

- 고춧가루 1큰술
- 알룰로스 1/2큰술
- 다진 마늘 1큰술
- 물 2큰술
- 양조간장 1큰술
- 청주 1큰술
- 저당 고추장 1큰술
- 생강가루 1작은술

Tip

돼지고기 고르기가 어렵다면?

지방이 적은 앞다리살 또는 뒷다리살을 즐겨 사용해요.

전날 준비

1 우엉은 껍질을 제거하고 4cm 길이로 썰어 0.5cm 두께의 편으로 썬 후 식촛물(물 3컵 + 식초 1큰술)에 10분간 담가둔다. 체에 밭쳐 흐르는 물에 헹군 후 물기를 뺀다. 대파는 4cm 길이로 썬다.

2 큰 볼에 양념 재료를 넣고 섞은 후 돼지고기, 우엉을 넣어 버무린다. 준비한 재료는 냉장 보관한다.

당일 준비

3 달군 팬에 아보카도유를 두르고 ②를 넣어 중간 불에서 5분간 볶는다.

4 대파를 넣고 2분간 더 볶은 후 불을 끄고 통깨를 뿌린다.

봄
2주차
백반 세트 ②

저당 코다리찜
+
순두부 백탕

도시락

식전 샐러드

밥과 국(미리 준비하면 편해요!)

반찬(반찬데이에 한꺼번에 만들어요!)

바로 만드는 반찬(전날 준비해 아침에 만들어도 좋아요!)

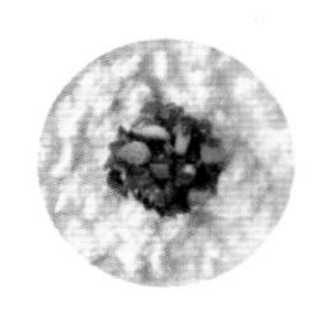

순두부 백탕

순두부는 일반 두부보다
열량이 적으며 수분 함량이
높고 부피가 커서
쉽게 포만감을 줍니다.
따뜻하게 속을 데우는 음식이
당길 때면 부드럽고 몽글몽글한
순두부 백탕을 끓여보세요.

1인분 / 전날 10분, 당일 10분

- 순두부 250g(몽글 순두부)

양념장
- 다진 마늘 1작은술
- 쪽파 1줄기(10g)
- 청고추 1/4개
- 홍고추 1/4개
- 양조간장 1큰술
- 참기름 1작은술
- 통깨 약간

Tip

국물을 더하고 싶다면?
좀 더 국물을 넉넉하게 만들고 싶다면
진한 육수를 소량만 더해서 만들어요.

전날 준비

1 쪽파는 송송 썰고,
청고추, 홍고추는 잘게 다진다.

2 볼에 양념장 재료를
모두 넣어 섞는다.
준비한 재료는 냉장 보관한다.

당일 준비

3 순두부를 냄비에 넣고
바닥이 눌어붙지 않도록 저어가며
센 불에 3분간 끓인다.
끓어오르면 바로 불을 끈다.
* 도시락에 양념은 따로 담아요.

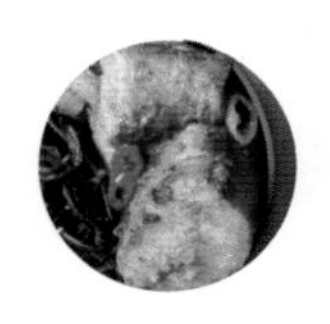

저당 코다리찜

명태를 반건조한 코다리는
지방 함량이 낮고
혈당수치를 조절해주는
나이아신이 풍부한
식재료입니다.
쫄깃한 식감도 그만이죠.
당을 줄인 건강한 양념의
코다리찜을 즐겨보세요.

4인분 / 40분

- 코다리 1마리(250g)
- 무 지름 10cm, 두께 2cm 1토막(200g)
- 양파 1/2개(100g)
- 대파 흰 부분 10cm
- 청고추 1/2개
- 홍고추 1/2개
- 다진 파 1큰술
- 아보카도유 3큰술
- 통깨 약간
- 물 1컵(200mℓ)

양념장

- 다진 마늘 1큰술
- 양조간장 1큰술
- 고춧가루 1큰술
- 저당 고추장 1큰술
- 알룰로스 1큰술
- 맛술 1큰술
- 생강가루 1작은술

Tip

감칠맛을 더하고 싶다면?
코다리 머리로 낸 육수를 넣으면 더욱
감칠맛 나는 코다리찜을 만들 수 있어요.

색다르게 즐기고 싶다면?
무 대신 시래기를 넣어
코다리 시래기찜을 만들어보세요.

전날 준비

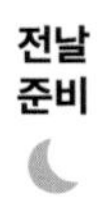

1 코다리는 지느러미를 제거하고,
4토막으로 썬다.
* 코다리의 내장 잔여물 등
이물질을 잘 제거해야
비린내를 줄일 수 있어요.

2 무는 껍질을 벗겨 열십(+)자로
4등분한 후 1cm 두께로 썬다.
양파는 무와 비슷한 크기로 썬다.
청고추, 홍고추는 0.5cm 두께로
어슷 썬다. 대파의 1/2분량은 다지고,
나머지는 3cm 두께로 어슷 썬다.

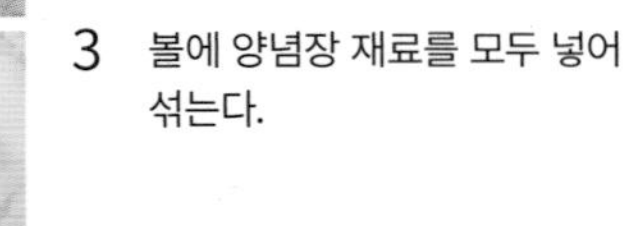

3 볼에 양념장 재료를 모두 넣어
섞는다.

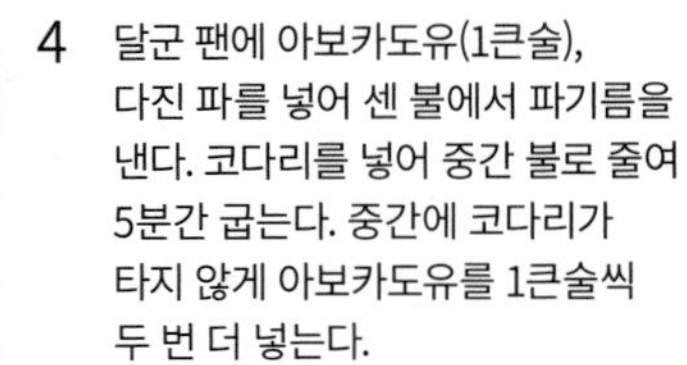

4 달군 팬에 아보카도유(1큰술),
다진 파를 넣어 센 불에서 파기름을
낸다. 코다리를 넣어 중간 불로 줄여
5분간 굽는다. 중간에 코다리가
타지 않게 아보카도유를 1큰술씩
두 번 더 넣는다.

5 냄비 바닥에 무를 깔고, 코다리,
양파, ③의 양념장을 올린 후
물(1컵)을 부어 센 불에서 끓인다.

6 끓어오르면 중약 불로 줄여
뭉근하게 15분 끓인다.
중간에 양념 국물을 끼얹는다.
대파, 청고추, 홍고추, 통깨를 올려
1분간 더 끓인다.

봄
2주차
별미밥 세트 ①

식전 샐러드

① 샐러드 채소 + 드레싱 ········ 24쪽

밥과 국(미리 준비하면 편해요!)

② 샐러드 김밥 ········ 79쪽

③ 미역국 ········ 33쪽

바로 만드는 반찬

(전날 준비해 아침에 만들어도 좋아요!)

④ 두부 꼬치 ········ 79쪽

두부 꼬치와 샐러드 김밥 도시락

게맛살, 오이, 양배추, 날치알을 섞어 새콤달콤 맛있는 김밥을 만들어보세요. 봄 소풍이 떠오르는 소시지 꼬치에 두부와 파프리카를 곁들이면 건강한 식사와 즐거움을 함께 할 수 있어요.

1인분 / 전날 20분, 당일 25~30분

<샐러드 김밥>

- 현미밥 1공기(180g)
- 김밥 김 1장
- 게맛살 60g
- 오이 1/2개(100g)
- 로메인 6장
- 양배추 40g
- 날치알 10g
- 후춧가루 약간
- 참기름 1/2큰술
- 연겨자 1작은술
- 마요네즈 1큰술
- 소금 1/4작은술 + 1/4작은술 + 약간
- 알룰로스 1작은술

<두부 꼬치>

- 비엔나 소시지 60g
- 두부 약 1/3모(80g)
- 노랑 파프리카 10g
- 주황 파프리카 10g
- 소금 약간
- 후춧가루 약간
- 아보카도유 1큰술

Tip

오이에서 물이 많이 나올 수 있으니 주의해야 해요. 게맛살은 어육함량이 높고 당 함량이 적은 제품을 선택해요. 김밥의 밥은 1인 분량을 지켜요.

현미밥으로 김밥을 쌀 경우 찰기가 없어서 밥알이 흩어질 수 있어요. 현미에 찰현미 또는 백미를 1:1로 섞어 밥을 해보세요.

전날 준비

1 게맛살은 결을 따라 잘게 찢는다. 오이, 양배추는 가늘게 채 썬 후 각각 볼에 담고 소금을 약간씩 넣어 절인다.
* 오이나 양배추를 썰 때 채칼을 이용하면 편해요.

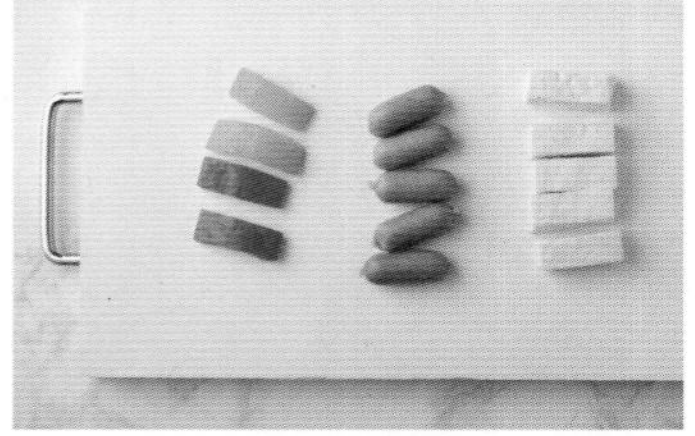

2 두부는 소시지 크기로 썰어 키친타월에 올려 물기를 제거한다. 소시지는 칼집을 넣는다. 파프리카는 소시지 크기로 썬다. 준비한 재료는 냉장 보관한다.

당일 준비

3 볼에 마요네즈, 연겨자, 소금(1/4작은술), 알룰로스, 후춧가루를 넣어 잘 섞고 물기를 꽉 짠 오이, 양배추, 게맛살, 날치알을 넣어 골고루 섞는다. 현미밥에 소금(1/4작은술), 참기름, 통깨를 뿌려 골고루 섞는다.

4 김밥 김에 밥을 얇게 편다. 밥 위에 로메인을 양쪽으로 3장씩 교차해서 올리고 그 위에 게맛살을 듬뿍 올려 김밥을 만다. 한입 크기로 썬다.

5 달군 팬에 아보카도유를 두르고 두부, 소시지, 파프리카를 올려 소금, 후춧가루를 뿌린 후 중간 불에서 10분간 앞뒤로 노릇하게 굽는다.

6 꼬치에 소시지, 파프리카, 두부를 가로로 꽂는다.

봄
2주차
별미밥 세트 ②

식전 샐러드

① 샐러드 채소 + 드레싱 ······ 24쪽

밥과 국(미리 준비하면 편해요!)

② 저당 짜장덮밥 ······ 81쪽
③ 달걀국 ······ 33쪽

저당 짜장덮밥 도시락

일반적으로 즐겨먹는
짜장에는 당이 많이 들어있어
당뇨인들은 먹기 쉽지 않아요.
저당 짜장소스를 이용하여
맛있는 짜장덮밥을 만들어
담아보세요.

1인분 / 전날 15분, 당일 15분

- 현미밥 1공기(180g)
- 돼지고기 등심 60g
- 양파 1/2개(100g)
- 애호박 1/6개(50g)
- 양배추 50g
- 저당 짜장소스 100g

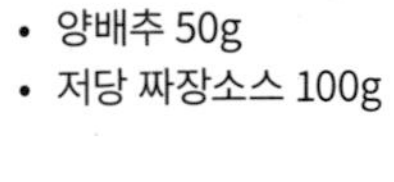

전날 준비

1 양파, 양배추, 애호박은
사방 1cm 크기로 썬다.

2 돼지고기는 사방 1.5cm 크기로
썬다. 준비한 재료는 냉장 보관한다.

당일 준비

3 달군 팬에 돼지고기를 넣고
겉면이 익을 때까지 센 불에서
2분간 볶는다.

4 양파, 양배추, 애호박을 넣어
2분간 더 볶는다.

5 양파가 투명해지면 저당 짜장소스를
넣고 2분간 골고루 섞은 후
현미밥에 곁들인다.

봄
2주차
별식 세트 ①

통밀 또띠아와 비프 화이타 도시락

화이타는 구운 쇠고기나
닭고기 등을 채소와 함께
또띠아에 싸먹는 멕시코
요리예요. 혈당 관리를 위해
정제 탄수화물을 줄인
통밀 또띠아를 사용했어요.

1인분 / 전날 15분, 당일 30분

- 통밀 또띠아 2장
- 쇠고기 스테이크용 200g(또는 불고기용)
- 빨강 파프리카 1/2개
- 노랑 파프리카 1/2개
- 양파 1/2개(100g)
- 참타리버섯 1줌(50g, 또는 느타리버섯)
- 로메인 2장(또는 청상추)
- 레몬 1/3개
- 올리브유 1큰술
- 아보카도유 1큰술
- 소금 , 후춧가루 약간씩

토마토 살사소스
- 토마토 1/2개(100g)
- 다진 적양파 20g
- 스리라차소스 1큰술
  (또는 무가당 토마토 케첩)
- 소금, 후춧가루 약간씩

과카몰리
- 아보카도 1/2개
- 다진 적양파 50g
- 다진 토마토 15g
- 레몬즙 1/2큰술
- 소금 , 후춧가루 약간씩

그릭 요거트소스
- 무가당 그릭 요거트 2큰술
- 알룰로스 1큰술
- 다진 양파 15g
- 레몬즙 1작은술

Tip

또띠아를 잘 고르려면?
또띠아는 지름 20cm 이상으로 골라요.
또띠아 선택 시 영양성분표도 잘 확인하세요.

전날 준비

1 파프리카, 양파(1/2개), 로메인은 0.5cm 두께로 채 썬다. 버섯도 비슷한 두께로 결대로 길게 찢는다. 레몬은 길게 2등분한다.

2 쇠고기는 키친타월로 핏물을 제거하고 앞뒤로 올리브유, 소금, 후춧가루를 뿌린다.

3 토마토는 씨를 제거하고 잘게 다지고, 아보카도는 포크로 으깬다. 볼에 토마토 살사소스, 과카몰리, 그릭 요거트소스 재료를 각각 넣어 골고루 섞는다. 준비한 재료는 냉장 보관한다.

당일 준비

4 달군 팬에 쇠고기를 넣어 중간 불에서 10분, 뒤집어 10분간 굽는다.
* 두꺼운 스테이크용 쇠고기는 기호에 따라 익힌 후 한김 식혀 먹기 좋은 크기로 썰어요.

5 팬을 닦고 다시 달궈 아보카도유를 두르고 파프리카, 양파, 버섯을 넣고 소금, 후춧가루를 뿌려 살짝 버무려 중간 불에서 5분간 볶는다.

6 기름을 두르지 않은 팬을 달궈 통밀 또띠아를 올린다. 중간 불에서 앞뒤로 1분씩 구운 후 4등분한다. 통밀 또띠아와 함께 준비한 재료, 소스를 곁들인다.

봄
2주차
별식 세트 ②

식전 샐러드

① 샐러드 채소 + 드레싱 ········ 24쪽

식사(미리 준비하면 편해요!)

② 베지볼 스파게티 ················· 85쪽

③ 마늘빵 ·································· 85쪽

마늘빵과 베지볼 스파게티 도시락

스파게티면은 고대밀의
한 종류인 듀럼밀로 만듭니다.
듀럼밀은 단백질 함량도
높고, 체내에 천천히 흡수되어
혈당을 천천히 올립니다.
토마토소스와 마늘빵도
직접 만들어 건강한 한끼를
즐겨보세요.

2인분 / 전날 15분, 당일 20~25분

- 스파게티 80g
- 베지볼 90g
- 통밀 치아바타 2조각
  (30g, 또는 통밀식빵, 바게트)
- 토마토 1개(200g)
- 셀러리 10cm
- 올리브유 1/2큰술 + 1큰술
- 소금 1/2큰술
- 후춧가루 약간
- 그라나 파다노 치즈 간 것 1/2큰술

마늘버터
- 실온에 둔 버터 10g
- 다진 마늘 1작은술
- 소금 약간
- 후춧가루 약간

Tip

시판 마늘빵을 사용한다면?
시판 마늘빵을 구입할 경우,
마늘소스 안에 설탕이 들어있는지
확인하세요.

전날 준비

1 끓는 물(5컵)에 소금(1/2큰술), 올리브유(약간)를 떨어뜨리고 스파게티를 넣어 중간중간에 저어가면서 12분간 삶는다. 삶은 스파게티는 체에 밭쳐 물기를 제거하고 올리브유(1/2큰술)를 넣어 버무린다.

2 토마토는 잘게 썰고, 셀러리는 어슷 썬다. 준비한 재료는 냉장 보관한다.

당일 준비

3 달군 팬에 올리브유(1큰술)를 두르고 토마토, 셀러리를 넣어 센 불에서 3분간 볶는다. 토마토가 뭉그러지면 소금, 후춧가루를 넣어 간을 맞춘다. 베지볼을 넣고 2분간 더 익힌다.

4 달군 팬에 스파게티, ③의 토마토소스를 넣어 중간 불에서 3분간 익힌다. 용기에 담고 그라나 파다노 치즈 간 것을 뿌린다.

5 볼에 마늘버터 재료를 넣고 골고루 섞는다. 통밀 치아바타의 앞뒷면에 마늘버터를 솔이나 숟가락으로 골고루 펴 바른다. * 버터가 충분히 녹지 않는다면 전자레인지에 10초 가열하거나 중탕으로 녹여요.

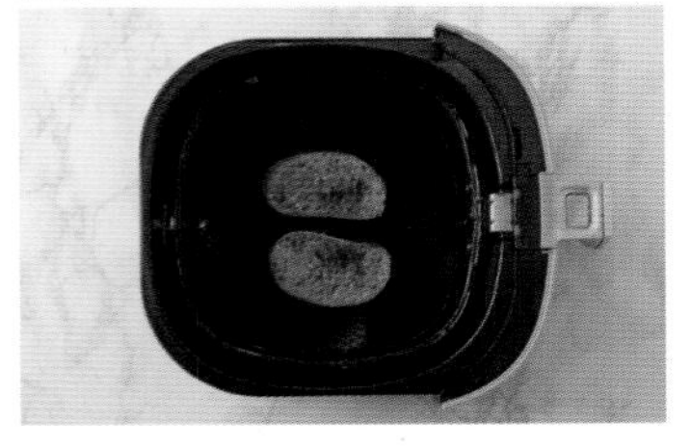

6 180°C로 예열한 에어프라이어(오븐)에 빵을 넣고 5분, 뒤집어 3분간 굽는다.
* 토스터기를 활용해도 좋아요.

봄
3주차
반찬데이

미리 만들어두었다가 일주일간 활용할 수 있는
계절 반찬을 소개합니다.

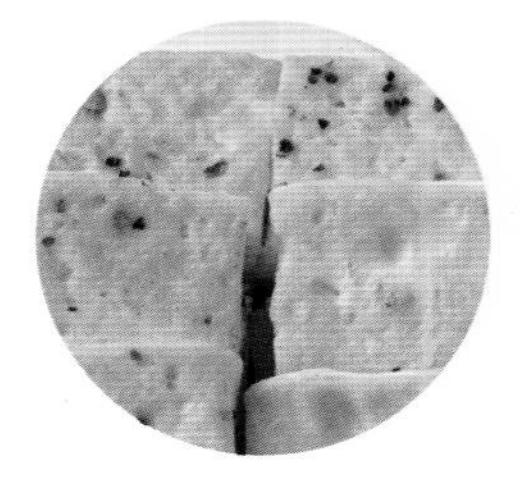
두부구이
87쪽

알배추 겉절이
88쪽

미나리나물
88쪽

죽순나물
89쪽

두부구이

4인분 / 30분

- 두부 1모(300g)
- 아보카도유 2큰술
- 소금 1작은술
- 후춧가루 약간

쪽파 양념장
- 쪽파 4줄기(40g, 또는 대파, 부추)
- 양파 10g
- 양조간장 3큰술
- 고춧가루 1/2큰술
- 통깨 1작은술
- 참기름 1작은술

1 두부는 2등분해 1cm 두께로 썬다.
키친타월에 올려 물기를 제거하고 소금, 후춧가루를 뿌려 밑간한다.

2 쪽파는 1cm 길이로 썰고, 양파는 가늘게 채 썰어 1cm 길이로 썬다.

3 볼에 쪽파 양념장 재료를 모두 넣어 섞는다.

4 달군 팬에 아보카도유를 두르고 두부를 올려 중간 불에서 5분간 굽는다.
한 면이 모두 익으면 뒤집어 3분간 더 굽는다.
* 쪽파 양념장을 따로 보관했다가 먹기 전에 곁들여요 .

알배추 겉절이

6인분 / 20분

- 알배기 배추 200g(또는 봄동)

양념
- 다진 마늘 1/2큰술
- 다진 파 1/2큰술
- 멸치액젓 1과 1/2큰술
- 고춧가루 1과 1/2큰술
- 알룰로스 1큰술
- 참기름 1작은술
- 통깨 약간

1 알배기 배추는 폭 2cm, 길이 4~5cm로 썬다.

2 볼에 양념 재료를 모두 넣어 섞은 후 알배기 배추를 넣어 버무린다.
* 오랫동안 버무려야 알배기 배추에 양념이 잘 배어요.
* 알배기 배추를 씻어 자른 상태로 보관하고, 양념장은 만들어 따로 보관해요. 먹기 직전에 무쳐내면 맛있는 겉절이를 즐길 수 있어요.

미나리나물

4인분 / 20분

- 미나리 150g(또는 쑥갓)

양념
- 소금 1작은술
- 다진 마늘 1작은술
- 다진 파 1작은술
- 참기름 1작은술
- 통깨 약간

1 미나리는 5cm 길이로 썬다.

2 끓는 물(5컵)에 소금(1/2큰술), 미나리를 넣고 센 불에서 1분간 데친 후 바로 건져 찬물에 헹군다. 물기를 꼭 짠다.

3 볼에 양념 재료를 모두 넣어 섞은 후 미나리를 넣고 버무린다.

죽순나물

6인분 / 20분

- 삶은 죽순 200g
- 아보카도유 1큰술
- 다진 마늘 1작은술
- 다진 파 1작은술
- 국간장 1큰술
- 검은깨 약간(또는 통깨)

1 삶은 죽순을 물에 헹궈 체에 밭쳐 물기를 제거한다.

2 달군 팬에 아보카도유를 두르고 다진 마늘, 다진 파를 넣어 중간 불에서 1분간 볶는다.

3 죽순을 넣어 2분간 볶고, 국간장을 넣어 1분간 더 볶는다. 불을 끄고 검은깨를 뿌린다.

봄
3주차 백반 세트 ①

고단백 별 달걀말이
+
꽃게 된장국

도시락

꽃게 된장국

봄이 제철인 암꽃게는
된장국의 풍미를 살려주는
재료예요. 꽃게의 키토산
성분은 인슐린 분비를
촉진하고 꽃게 껍질의
아스타크산틴 성분은
혈당 조절에 도움을 줍니다.
또한 지방이 적고
단백질 함유량이 높아
성인병 예방에 좋아요.

4인분 / 30분

- 꽃게 1마리(또는 냉동 절단 꽃게)
- 두부 1/2모(150g)
- 애호박 1/3개(100g)
- 양파 1/2개(100g)
- 대파 흰 부분 15cm
- 청고추 1/4개
- 홍고추 1/4개
- 다진 마늘 1큰술
- 된장 1큰술(염도에 따라 가감)
- 고춧가루 1/2큰술

멸치 다시마 국물

- 국물용 멸치 10마리
- 다시마 5×5cm 1장
- 물 4컵(800mℓ)

Tip

냉동 꽃게를 사용한다면?

냉동 꽃게를 사용할 경우 냉장실에서
살짝 해동하거나 냉동 상태 그대로
사용하세요. 완전히 해동하면
살과 내장이 흘러내릴 수 있어요.

전날 준비

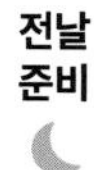

1 냄비에 멸치 다시마 국물 재료를
넣고 센 불에서 끓인다.
끓어오르면 다시마를 건져내고
중간 불로 줄여 10분간 더 끓인 후
국물용 멸치를 건진다.

2 애호박은 0.5cm 두께의
부채꼴 모양으로 썬다.
양파는 사방 2.5cm 크기로 썰고,
대파, 청고추, 홍고추는 어슷 썬다.
두부는 길이로 2등분한 후
1cm 두께로 썬다.

3 꽃게는 솔로 문질러 깨끗이
세척하고 등딱지를 떼어낸 후
4등분한다.
* 도시락 용기에 담을 수 있는
크기인지 확인하세요.

4 멸치 다시마 국물에 된장을 풀고
양파, 애호박, 두부를 넣은 후
센 불에서 끓어올리면 5분간 끓인다.

5 손질한 꽃게, 다진 마늘을 넣고
중간 불에서 국물이 우러나게
10분간 끓인다.

6 고춧가루, 대파, 청고추, 홍고추를
넣고 3분 더 끓인다.

고단백 별 달걀말이

달걀은 당뇨병 환자가 먹기 좋은 고단백 완전식품입니다. 도시락 단골반찬인 달걀말이는 속재료에 따라 다양하게 응용할 수 있어요. 각종 모양 틀을 이용하면 더욱 아기자기한 달걀말이를 만들 수 있어요.

1인분 / 전날 5분, 당일 15~20분

- 달걀 2개
- 당근 1/10개(20g)
- 대파 15g
- 양파 1/10개(20g)
  * 당근, 대파, 양파는 다른 자투리 채소 60g으로 대체 가능
- 맛술 1큰술
- 소금 1/2작은술
- 아보카도유 1큰술

Tip

모양을 잘 내고 싶다면?
달걀말이가 식기 전에 모양을 잡아 주세요. 뜨거울 때 썰면 부서질 수 있으니 한김 식힌 후 썰어요.

전날 준비

1 당근, 양파, 대파는 잘게 다진다. 준비한 재료는 냉장 보관한다.

당일 준비

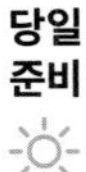

2 볼에 달걀, 맛술, 소금을 넣어 푼 후 체에 내린다. ①을 넣어 잘 섞는다.
* 체에 내리면 더 부드러운 달걀말이를 만들 수 있어요. 번거롭다면 생략해도 돼요.

3 달군 팬에 아보카도유를 두르고 중간 불에서 달걀물 1/2분량만 부어 익힌다.
* 다진 채소가 가라앉지 않도록 저으면서 부어요.

4 달걀물이 80% 정도 익으면 끝부터 뒤집개로 살살 접은 뒤 돌돌 만다. 팬 끝으로 밀어두고 남은 달걀물을 부어 이어준다. 달걀물이 80% 정도 익으면 다시 돌돌 만다.

5 달걀말이를 모양 틀 안에 넣어 모양을 만든다. 한김 식힌 후 1.5cm 폭으로 썬다.
* 모양 틀이 없을 경우 달걀말이를 쿠킹랩으로 싼 뒤 산적꼬치나 어묵꼬치, 나무젓가락 등을 고무줄로 묶어 모양을 내요.

봄
3주차
백반 세트 ②

1
3
2
6

깻잎 주꾸미볶음
+
쇠고기 솎음배춧국

도시락

식전 샐러드

밥과 국(미리 준비하면 편해요!)

반찬(반찬데이에 한꺼번에 만들어요!)

바로 만드는 반찬(전날 준비해 아침에 만들어도 좋아요!)

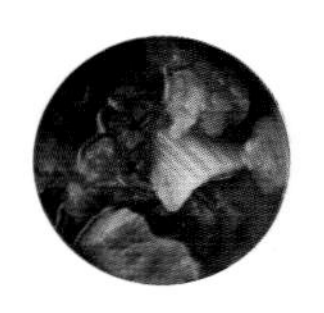

쇠고기 솎음배춧국

솎음배추는 얼갈이배추를
재배하는 과정에서 솎아낸
배추를 말해요. 잎이 부드럽고
푸른 것이 특징이에요.
배추는 소화를 돕고
당뇨 예방에 좋습니다.
가격이 비싸지 않고
어떤 음식과도 잘 어울려서
도시락용 국으로 좋아요.

4인분 / 25분

- 솎음배추 150g
- 쇠고기 국거리 100g
- 대파 흰 부분 15cm
- 다진 마늘 1/2큰술
- 참기름 1큰술
- 된장 1/2큰술(염도에 따라 가감)
- 국간장 1/2큰술

멸치 다시마 국물

- 국물용 멸치 10마리
- 다시마 5×5cm 1장
- 물 4컵(800㎖)

Tip

배추를 너무 오래 익히면 배추가
무르거나 식감이 떨어질 수 있어요.
솎음배추가 없다면 일반 배추,
얼갈이배추로 대체할 수 있어요.

전날 준비

1 솎음배추는 5cm 길이로 썰고,
대파는 어슷 썬다.

2 냄비에 멸치 다시마 국물 재료를
넣고 센 불에서 끓인다.
끓어오르면 다시마를 건져내고
중간 불로 줄여 10분간 더 끓인 후
국물용 멸치를 건진다.

3 냄비에 참기름을 두르고
쇠고기, 다진 마늘을 넣고
센 불에서 1분간 볶는다.

4 멸치 다시마 국물을 붓고
된장, 국간장을 넣어
센 불에서 10분간 끓인다.

5 솎음배추를 넣고 3분간 더 끓인 후
대파를 넣고 불을 끈다.

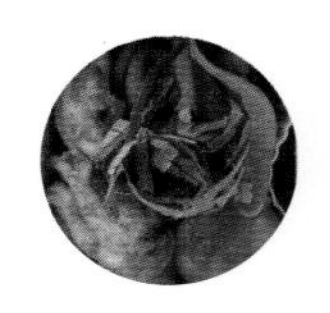

깻잎 주꾸미볶음

봄 주꾸미, 가을 낙지라는
말처럼 봄에 잡히는 주꾸미는
육질이 쫄깃하고 씹을수록
은근한 맛이 우러납니다.
특히 주꾸미는 타우린이
풍부해 당뇨 예방, 원기회복에
좋은 식재료입니다.
봄 주꾸미로 나른한 춘곤증은
멀리 날려버려요.

2인분 / 전날 20분, 당일 10분

- 주꾸미 6마리(300g)
- 양파 1/2개(100g)
- 대파 흰 부분 15cm
- 깻잎 3장
- 아보카도유 1큰술

양념
- 고춧가루 1큰술
- 저당 고추장 1/2큰술
- 다진 마늘 1/2큰술
- 양조간장 1/2큰술
- 맛술 1큰술
- 알룰로스 1작은술
- 통깨 약간

Tip

더 푸짐하게 즐기려면?
삼겹살을 함께 넣어 볶으면 더욱
맛있고 풍성하게 즐길 수 있어요.

전날 준비

1 양파는 1cm 폭으로 채 썰고,
대파는 어슷 썬다. 깻잎은 세로로
돌돌 말아 가늘게 채 썬다.

2 냄비에 식초물(물 3컵 + 식초
1작은술)을 붓고 센 불로 끓인 후
손질한 주꾸미를 넣고 15초간 데친다.
* 주꾸미를 열에 오래 익히면
질겨지고 맛도 식감도 떨어져요.

3 주꾸미는 한 김 식힌 후
한입 크기로 썬다.

4 볼에 양념 재료를 모두 넣어 섞는다.

5 데친 주꾸미를 양념장에 버무린다.
준비한 재료는 냉장 보관한다.

당일 준비

6 달군 팬에 아보카도유를 두르고
센 불에 양파를 넣어 1분,
주꾸미를 넣어 1분간 볶은 후
대파를 넣고 30초간 더 볶는다.
그릇에 담고 깻잎을 올린다.

봄
3주차
별미밥 세트 ①

1

2

3

식전 샐러드

① 샐러드 채소 + 드레싱 ········ 24쪽

밥과 국(미리 준비하면 편해요!)

② 삼색 소보로밥 ········ 99쪽

③ 김칫국 ········ 32쪽

삼색 소보로밥 도시락

삼색 소보로는 다양한 재료를 색깔별로 매칭해서 올릴 수 있으므로 계절에 따라서 여러 조합이 가능해요. 혈당을 올리지 않는 달걀, 두부, 쇠고기로 맛있는 소보로밥을 만들어보세요.

1인분 / 전날 15분, 당일 25~30분

- 현미밥 1공기(180g)

스크램블 에그
- 달걀 1개
- 아보카도유 1큰술
- 소금 약간
- 후춧가루 약간

두부소보로
- 두부 1/2모(150g)
- 아보카도유 1작은술
- 소금 약간
- 후춧가루 약간

쇠고기 볶음
- 다진 쇠고기 50g
- 다진 마늘 1작은술
- 양조간장 1작은술
- 알룰로스 1작은술
- 아보카도유 1작은술
- 후춧가루 약간

Tip

담음새를 색다르게 하고 싶다면?
삼색의 재료 분량이 비슷해야 모양을 예쁘게 담을 수 있어요. 제철 재료를 응용해 다양한 삼색 소보로를 준비해 보세요.

전날 준비

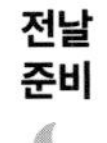

1 두부는 무거운 것으로 눌러 30분간 물기를 제거한 후 으깨서 소금, 후춧가루를 뿌려 버무린다.

2 볼에 쇠고기, 다진 마늘, 양조간장, 알룰로스, 후춧가루를 넣어 골고루 섞는다. 준비한 재료는 냉장 보관한다.

당일 준비

3 달걀을 곱게 풀어 체에 내리고 소금, 후춧가루로 간을 한다.

4 달군 팬에 아보카도유 1큰술을 두르고 센 불에서 달걀을 붓는다. 달걀이 익기 전에 이리저리 저으면서 스크램블 에그를 한 후 덜어둔다.

5 팬을 닦고 다시 달궈 아보카도유(1작은술)를 두르고 두부를 넣어 으깨가며 중간 불에서 10분간 볶는다.

6 팬을 닦고 다시 달궈 아보카도유(1작은술)를 두르고 쇠고기를 넣어 중간 불에서 10분간 볶는다. 용기에 현미밥을 깔고 스크램블 에그, 두부소보로, 쇠고기 볶음을 가지런히 올린다.

봄
3주차
별미밥 세트 ②

식전 샐러드

① 샐러드 채소 + 드레싱 ········ 24쪽

밥과 국(미리 준비하면 편해요!)

② 저당 두부 유부초밥 ········ 101쪽

③ 미소 된장국 ········ 33쪽

바로 만드는 반찬

(전날 준비해 아침에 만들어도 좋아요!)

④ 닭다리 구이 ········ 101쪽

닭다리 구이와 저당 두부 유부초밥 도시락

배합초를 버무린 밥과 초밥용 유부조림에는 당 함량이 많아 당뇨 환자가 조심해야 하는 재료예요. 저당 유부에 밥 대신 두부를 이용하면 당 함량을 줄일 수 있어요.

1인분 / 전날 15~20분, 당일 20~25분

<저당 두부 유부초밥>

- 현미밥 약 1/2공기(100g)
- 두부 1모(300g)
- 저당 유부 8장
- 당근 35g
- 양파 1/4개(50g)
- 노랑 파프리카 35g
- 빨강 파프리카 35g

배합초

- 알룰로스 1/2큰술
- 식초 1큰술
- 물 1큰술
- 소금 1/2작은술

<닭다리 구이>

- 닭다리 1개(200g)

밑간

- 청주 1큰술
- 다진 마늘 1작은술
- 소금 1/2작은술
- 후춧가루 약간

양념

- 양조간장 1과 1/2큰술
- 알룰로스 1작은술
- 후춧가루 약간
- 통깨 약간

Tip

시판 유부 조림을 사용하려면?

초밥용 유부 조림의 단물을 꽉 짜서 사용하면 당을 줄일 수 있어요. 두부는 포슬하게 꽉 짜야 맛있는 두부초밥을 만들 수 있어요.

전날 준비

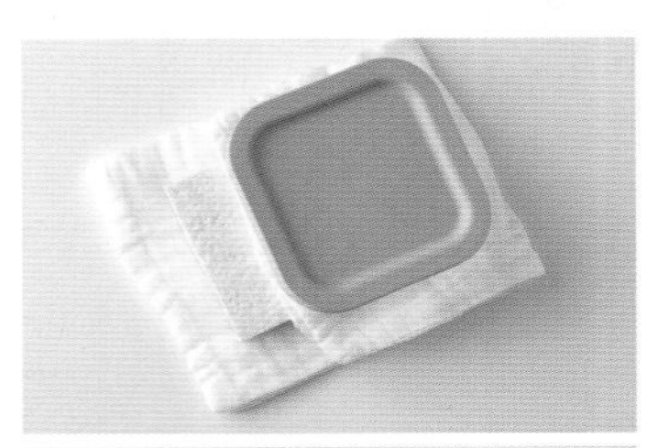

1 두부는 물기를 제거하고 그릇에 담아 전자레인지에 넣고 1~2분간 돌린다. * 전자레인지가 없다면 키친타월로 꾹꾹 눌러가며 물기를 제거해요. 무거운 도마 등을 올려두면 물기 제거에 도움이 돼요.

2 당근, 양파, 파프리카는 아주 잘게 다진다.

3 닭다리에 2cm 간격으로 칼집을 내고 밑간 재료에 버무려 재워둔다. 볼에 양념 재료를 넣어 섞는다. 준비한 재료는 냉장 보관한다.
* 도시락에 닭다리가 안 들어간다면 닭다리살을 이용해도 좋아요.

당일 준비

4 180°C로 예열한 에어프라이어(오븐)에 닭다리를 넣고 10분간 굽고 뒤집어 8분간 더 굽는다. 양념을 앞뒤로 바르고 2분간 더 굽는다.

5 볼에 물기 뺀 두부, 당근, 양파, 파프리카, 현미밥, 배합초 재료를 넣고 골고루 섞는다.

6 유부에 ⑤를 8등분해서 넣는다.
* 유부가 찢어지지 않도록 주의해요.

봄
3주차
별식 세트 ①

셀프 토핑 샌드위치 도시락

사워도우빵은 천연발효종을 사용하여 천천히 발효시킨 빵입니다. 시큼한 맛은 나지만 일반빵보다 혈당지수가 낮아 혈당 걱정이 적습니다. 사워도우빵에 재료를 직접 올려먹는 재미를 느낄 수 있는 샌드위치 도시락입니다.

1인분 / 30분

- 사워도우 통밀빵 2장(70g)

토핑

- 아보카도 1/2개
- 로메인 4장
- 토마토 슬라이스 2개
- 달걀 1개
- 리코타치즈 2큰술(또는 크림치즈)
- 바질페스토 2큰술
- 그라나 파다노 치즈 간 것 1큰술 (또는 파마산 치즈가루)
- 소금 약간
- 후춧가루 약간
- 크러쉬드 페퍼 약간

Tip

셀프 샌드위치 만들기

빵 1장에 바질페스토를 펴 바르고 로메인 1/2분량, 아보카도 1/2분량, 달걀, 그라나 파다노 치즈 간 것을 뿌려요. 또 다른 빵 1장에 바질페스토를 펴 바르고, 로메인 1/2분량, 토마토, 아보카도 1/2분량을 올려 완성합니다.

전날 준비

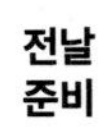

1 끓는 물(4컵)에 소금(1큰술), 식초(1큰술)를 넣고 달걀을 조심스럽게 넣어 12분간 삶는다. 찬물에 담가 식히고, 껍질을 벗겨 0.5cm 두께로 썬다. 소금, 후춧가루를 약간 뿌린다.
   * 달걀은 30분 이상 상온에 두었다가 삶으면 껍질이 쉽게 벗겨져요.

2 토마토는 모양대로 0.7cm 두께로 썬다. 아보카도는 껍질을 벗겨 0.5cm 두께로 썬 후 크러쉬드 페퍼를 뿌린다. 도시락 용기에 달걀, 토마토, 아보카도, 로메인, 빵을 담고, 바질페스토, 리코타치즈, 그라나 파다노 치즈 간 것을 따로 담는다.

봄 3주차 별식 세트 ②

식전 샐러드

① 샐러드 채소 + 드레싱 ······· 24쪽

식사(미리 준비하면 편해요!)

② 비프 채소 스튜 ······· 105쪽

③ 통밀빵 ······· 105쪽

통밀빵과 비프 채소 스튜 도시락

부드러운 쇠고기와 다양한
채소가 함께 어우러져
깊은 맛이 일품인 메뉴입니다.
밥과 함께 먹어도 맛이 있지만,
통밀빵을 곁들여도
즐거운 한끼 식사가 됩니다.

전날 준비

1 쇠고기는 2.5cm 크기로 깍뚝 썬 후 소금 1작은술, 후춧가루 약간을 넣고 버무려 10분간 재운다.

2 감자, 양파, 당근, 토마토는 각각 3cm 크기로 깍둑 썰고, 셀러리는 1cm 길이로, 줄기콩은 3cm 길이로 썬다.

3 달군 냄비에 아보카도유, 버터를 넣고 중간 불에서 ①의 쇠고기를 넣어 2분간 볶는다.

4 쇠고기 겉면이 익으면 감자, 당근을 넣어 2분간 볶고, 셀러리, 줄기콩, 토마토를 넣고 2분간 더 볶는다.

5 토마토 페이스트, 물(1컵)을 넣고 치킨스톡, 월계수 잎을 넣어 뚜껑을 닫는다. 센 불에서 끓어오르면 중약 불로 줄여 15분간 더 끓인다. 소금으로 부족한 간을 맞추고 후춧가루, 파슬리가루를 뿌린다. 통밀빵은 따로 담아 스튜에 곁들인다.

2인분 / 45분

- 통밀빵 120g
- 쇠고기 200g
- 감자 2개
- 당근 약 1/2개(90g)
- 토마토 2개(400g)
- 셀러리 70g
- 줄기콩 30g
- 토마토 페이스트 2큰술
- 아보카도유 2큰술
- 버터 20g
- 물 1컵(200㎖)
- 치킨스톡(가루나 액상) 1작은술
- 월계수 잎 3장
- 소금 약간
- 후춧가루 약간
- 파슬리가루 약간

여름

도시락

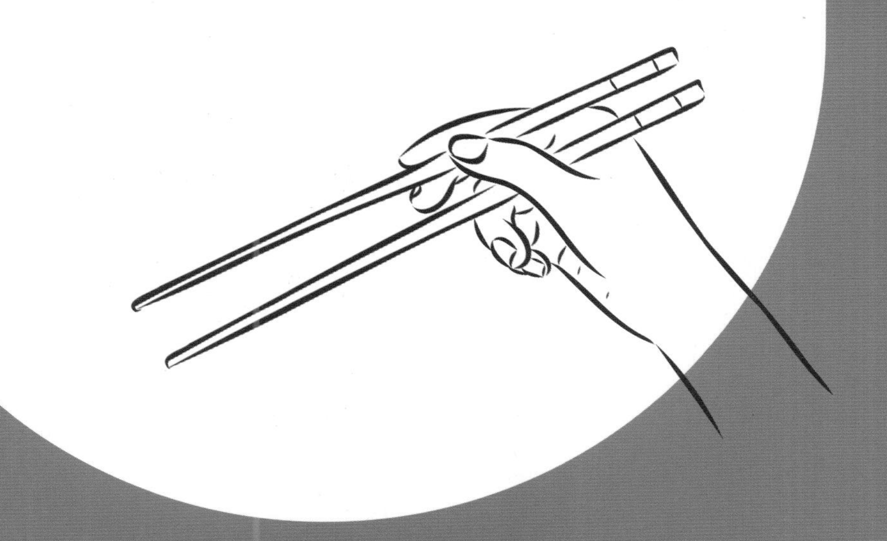

* 식중독이 많이 발생하는 여름은 도시락 준비에 가장 주의해야 하는 계절이에요.
  밥과 반찬은 따로 담고, 조리한 음식은 충분히 식힌 후 담아야 해요.
  이동, 보관 시에도 각별한 주의가 필요한데, 보온 도시락을 이용하거나, 보냉제를 포함한 보냉가방에 담아 서늘하게 보관합니다. 도시락을 먹은 후 남은 음식물이 도시락 용기의 틈새에서 잡균을 번식시킬 수 있으니 도시락 용기를 세척할 때 패킹 부분까지 완전히 분리해서 깨끗이 씻고 말려두어야 합니다.

* 무더운 날씨에 땀을 많이 흘리면 당뇨인들은 수분과 전해질이 부족해지면서 혈당이 높아질 수 있어요. 이때는 충분한 수분섭취가 무엇보다 중요하니 당이 높은 과일이나 음료는 주의하고, 음료수보다는 물을 마시는 것이 좋습니다.

이 책의 식단과 도시락 칼로리 기준

모든 식단은 육체활동이 보통인 남성 한끼(하루 총 칼로리 2000~2100kcal의 1/3 정도)를 기준으로 합니다.
여성(하루 총 칼로리 1800kcal 정도)이나 에너지 필요량이 이보다 적을 경우, 밥이나 빵 등 탄수화물 재료의 분량을 줄이세요. 식전 샐러드와 반찬, 국물 등은 단백질 재료나 채소 등으로 구성되니 그대로 먹어도 괜찮습니다.

* 302~305쪽을 참고해 나만의 식단을 재구성해도 됩니다.

도시락에 활용하기 좋은
여름 제철 재료 리스트

- ○ 곤드레
- ○ 가지
- ○ 오이
- ○ 꽈리고추
- ○ 공심채
- ○ 참나물
- ○ 케일
- ○ 깻잎
- ○ 도라지
- ○ 고구마순
- ○ 표고버섯
- ○ 갈치
- ○ 오징어

여름 1주차

반찬데이

미리 만들어두었다가 일주일간 활용할 수 있는
계절 반찬을 소개합니다.

가지무침
109쪽

칼집 오이 초무침
110쪽

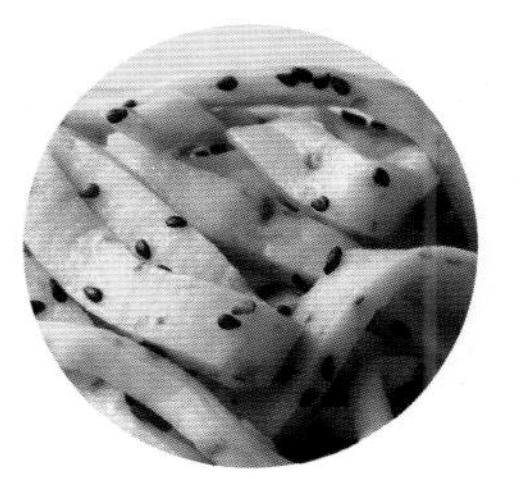

어묵볶음
110쪽

절임 알배추무침
111쪽

가지무침

6인분 / 30분

- 가지 2개(250g)
- 다진 마늘 1/2큰술
- 다진 파 1/2큰술
- 국간장 1큰술
- 참기름 1작은술
- 통깨 약간

1 가지는 5cm 길이로 썬다.

2 김이 오른 찜기에 가지를 넣어 1분간 찐다.
* 오래 찌면 뭉개지므로 주의하세요.

3 바로 꺼내어 한 김 식히고, 굵직하게 썬다.

4 큰 볼에 가지, 다진 마늘, 다진 파, 국간장을 넣어 버무린다.
참기름, 통깨를 뿌려 한 번 더 버무린다.

칼집 오이 초무침

8인분 / 20분

- 오이 2개(400g)

양념
- 다진 마늘 1/2큰술
- 식초 4큰술
- 알룰로스 1과 1/2큰술
- 통깨 간 것 1큰술
- 소금 2작은술

1 오이 양쪽 끝은 1cm씩 잘라낸다. 오이 한쪽 면을 촘촘하게 칼집을 내고, 뒤집어 다시 촘촘하게 칼집을 낸 뒤 한입 크기로 썬다.

2 볼에 양념 재료를 넣어 골고루 섞은 후 오이를 넣고 무친다.

어묵볶음

6인분 / 30분

- 어묵 200g
- 아보카도유 2큰술
- 양조간장 1/2큰술
- 맛술 1/2큰술
- 참기름 1작은술
- 검은깨 약간(또는 통깨)

1 어묵은 0.7cm 폭으로 길게 채 썬다.

2 달군 팬에 아보카도유를 두르고 어묵, 양조간장, 맛술을 넣고 센 불에서 2분간 볶는다. 불을 끄고 참기름, 검은깨를 넣고 잘 섞는다.

절임 알배추무침

6인분 / 20분(+ 배추 절이기 30분)

- 알배기 배추 200g
- 쪽파 1줄기(10g, 또는 대파)
- 다진 마늘 1/2큰술
- 들기름 1/2큰술
- 통깨 약간

1 알배기 배추는 길게 2~3등분한다. 쪽파는 송송 썬다.

2 물(2컵)에 소금(1과 1/2큰술)을 넣어 녹인 후
알배기 배추를 넣어 30분간 절인다.

3 절인 알배기 배추는 물기를 꽉 짜고 볼에 넣은 후
쪽파, 다진 마늘, 들기름을 넣어 골고루 무치고 통깨를 뿌린다.

여름
1주차
백반 세트 ①

구운 담백 두부강정 + 쇠고기 버섯국 도시락

식전 샐러드

밥과 국(미리 준비하면 편해요!)

반찬(반찬데이에 한꺼번에 만들어요!)

바로 만드는 반찬(전날 준비해 아침에 만들어도 좋아요!)

쇠고기 버섯국

버섯은 칼로리가 낮고 혈당수치를 급격히 올리지 않아서 안심하고 사용하는 재료예요. 쇠고기와 함께 뭉근하게 끓인 쇠고기 버섯국은 자극적이지 않아서 강한 맛의 주메뉴가 있을 때 함께 내면 좋아요. 여름철 보양식으로 준비해 보세요.

4인분 / 25분

- 쇠고기 국거리 100g
- 느타리버섯 50g
- 팽이버섯 50g
- 표고버섯 50g
- 대파 흰 부분 15cm
- 물 4컵(800㎖)
- 들기름 1큰술
- 다진 마늘 1/2큰술
- 국간장 1/2큰술
- 참치액 1/2큰술
- 후춧가루 약간

Tip

색다르게 즐기려면?

들깨가루 1큰술을 더하면 고소한 맛, 고춧가루를 추가하면 얼큰한 맛의 쇠고기 버섯국이 됩니다. 다른 버섯으로 대체해도 좋아요.

전날 준비

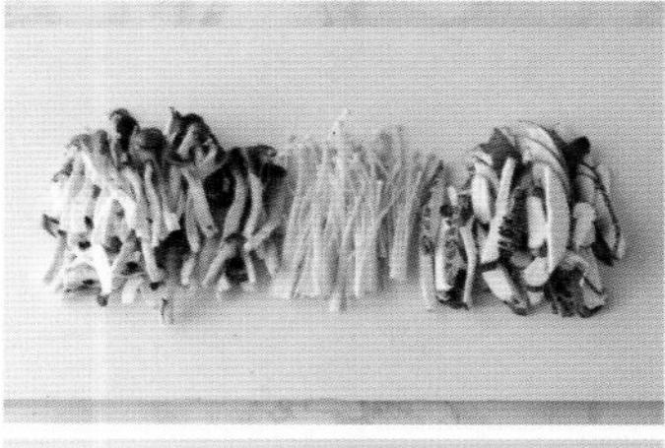

1 느타리버섯, 팽이버섯은 뿌리 부분을 제거하고 잘게 찢는다. 표고버섯은 밑동을 떼어내고 0.5cm 두께로 채 썬다.

2 쇠고기는 한입 크기로 썰어 키친타월에 올려 핏물을 뺀다. 대파는 어슷 썬다.

3 달군 냄비에 들기름을 두르고 쇠고기를 넣어 센 불에서 1분간 볶는다.

4 고기 겉면이 잘 익으면 물(4컵)을 붓고, 다진 마늘, 국간장, 참치액을 넣어 센 불에서 끓인다.

5 끓어오르면 느타리버섯, 표고버섯을 넣고 중약 불로 줄여 10분간 끓인 뒤 팽이버섯을 넣어 5분간 더 끓인다. 후춧가루를 넣고 불을 끈다.
* 버섯은 금방 익고 숨이 죽으니 너무 오래 끓이지 않도록 주의해요.

구운 담백 두부강정

전통 강정은 설탕이나
물엿을 사용하지만,
저는 설탕이나 물엿 없이
두부강정을 만들어요.
담백하고 건강한 양념으로
구워 만든 두부요리입니다.

3인분 / 전날 15분, 당일 25분

- 두부 1모(300g, 부침용)
- 아보카도유 2큰술
- 통깨 약간

강정소스
- 무가당 토마토 케첩 1큰술
- 저당 고추장 1큰술
- 양조간장 1/2큰술
- 다진 마늘 1큰술
- 알룰로스 1큰술

Tip

더 고소하게 즐기려면?
마지막에 다진 땅콩, 해바라기씨,
호박씨 등을 함께 섞어주면
더욱 맛있어요.

전날 준비

1 두부를 사방 2cm 크기로 썰고
키친타월로 살살 눌러
물기를 제거한다.

2 볼에 강정소스 재료를 넣고
골고루 섞는다.
준비한 재료는 냉장 보관한다.

당일 준비

3 달군 팬에 아보카도유를 두르고
두부를 올려 중간 불에서
모든 면을 굴려가며 중간 불에서
20분간 굽는다.
* 두부를 충분히 구워야 양념을
버무릴 때 부서지지 않아요.

4 두부가 노릇하게 구워지면
강정소스를 붓고 두부를 골고루
굴려가며 1분간 더 익힌다.
불을 끄고 통깨를 뿌린다.
* 강정소스가 쉽게 탈 수 있으니
불이 세지 않게 주의하세요.

여름
1주차
백반 세트 ②

저당 돼지갈비찜
+
미역 오이냉국

도시락

식전 샐러드

밥과 국(미리 준비하면 편해요!)

반찬(반찬데이에 한꺼번에 만들어요!)

바로 만드는 반찬(전날 준비해 아침에 만들어도 좋아요!)

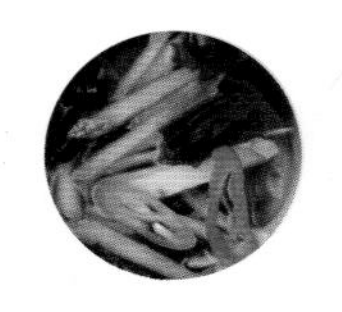

미역 오이냉국

새콤달콤 시원한 미역냉국은
여름철 대표 메뉴입니다.
단맛을 내는 설탕 대신
대체 감미료를 넣어 건강한
단맛으로 더위를 이겨보세요.

4인분 / 30분

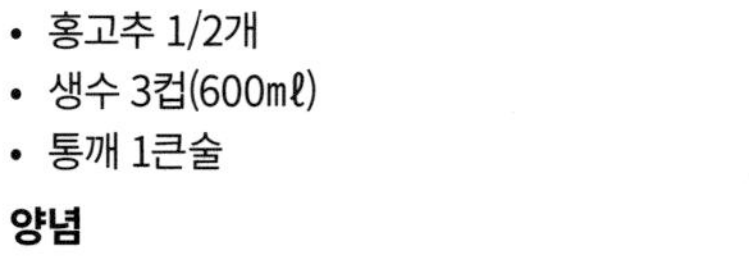

- 말린 미역 4g
- 오이 1/2개(100g)
- 양파 1/4개(50g)
- 청고추 1/2개
- 홍고추 1/2개
- 생수 3컵(600㎖)
- 통깨 1큰술

양념

- 식초 2큰술
- 알룰로스 2큰술
- 참치액 1큰술
- 국간장 1/2큰술
- 다진 마늘 1/2큰술

Tip

시판 육수로 대체한다면?
요즘은 냉면 육수로 간단히
만들기도 하지만, 시판 냉면 육수는
당을 많이 포함할 수 있어요.
반드시 원재료를 확인하세요.

전날 준비

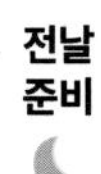

1 말린 미역은 찬물에 담가
10분 정도 불린다. 물기를 꽉 짜서
먹기 좋은 크기로 썬다.

2 양파는 가늘게 채 썰어
얼음물에 담가 매운맛을 뺀다.

3 오이는 0.5cm 두께로 어슷 썬 뒤
0.5cm 두께로 채 썬다.
청고추, 홍고추는 가늘게 어슷 썬다.

4 큰 볼에 양념 재료를 넣어 섞은 후
미역, 오이를 넣어 버무린다.

5 생수(3컵)를 붓고 섞은 후
청고추, 홍고추, 통깨를 넣어
섞는다.

저당 돼지갈비찜

단백질이 풍부한 돼지고기에
혈당이 오르지 않도록
대체 감미료로 양념을 만들어
재워보세요. 혈당 걱정을
덜어주는 돼지갈비찜을 만들 수
있습니다.

4인분 / 60분

- 돼지고기 찜용 1kg
- 양파 1/2(100g)
- 당근 1/3개(50g)
- 대파 15cm
- 물 2컵(400mℓ)

돼지고기 데침용

- 물 5컵(1ℓ)
- 대파 15cm
- 마늘 10개
- 통후추 15알
- 월계수 잎 2장
- 청주 3큰술

양념

- 물 1컵(200mℓ)
- 양조간장 6큰술
- 다진 마늘 1큰술
- 알룰로스 2큰술
- 생강가루 1작은술

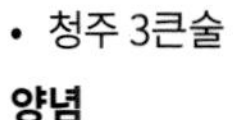

Tip

시판 양념이나 양념육을 사용할 경우
설탕이나 물엿, 올리고당, 꿀 등
혈당을 올리는 재료가 사용되었는지
확인해야 해요. 돼지갈비를 구입할 때
도시락 용기에 들어가는 크기인지
확인하세요.

전날 준비

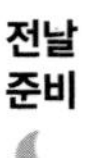

1 볼에 돼지고기, 잠길 정도의 찬물을 넣고 1시간 정도 담가 핏물을 뺀다. 중간중간 물을 바꿔준다.
* 고기 1kg당 설탕 1큰술을 넣어주면 핏물이 빨리 빠지고 연육작용을 도와줘요.

2 냄비에 돼지고기 데침용 물(5컵)을 넣고 센 불에서 끓인다. 끓어오르면 나머지 돼지고기 데침용 재료, 돼지고기를 넣고 5분간 데친다. 데친 돼지고기는 찬물에 헹궈 이물질을 제거한 후 체에 밭친다.

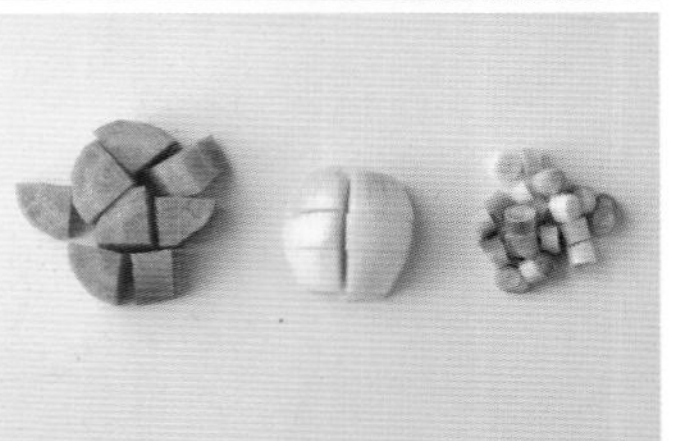

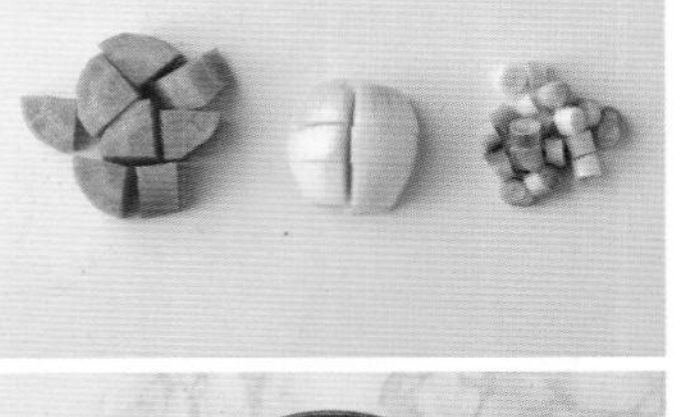

3 양파, 당근은 사방 2cm 크기로 썰고, 대파는 송송 썬다.

4 볼에 양념 재료를 넣고 섞는다.

5 냄비에 물기 뺀 돼지고기, 양념, 물(2컵)을 넣어 센 불에서 바글바글 끓인다.

6 끓어오르면 중약 불로 줄이고 양파, 당근, 대파를 넣은 뒤 뚜껑을 덮어 30분간 더 끓인다.

여름
1주차
별미밥 세트 ①

모둠 버섯솥밥
+
고단백 전복 버터구이

도시락

식전 샐러드

① 샐러드 채소 + 드레싱 ······ 24쪽

밥과 국(미리 준비하면 편해요!)

② 모둠 버섯솥밥 ······ 122쪽
③ 미역국 ······ 33쪽

바로 만드는 반찬(전날 준비해 아침에 만들어도 좋아요!)

④ 고단백 전복 버터구이 ······ 123쪽

모둠 버섯솥밥

버섯의 풍부한 향과 쫄깃한 식감이 가득한 버섯솥밥! 특히 표고버섯은 에리타데닌 성분이 함유돼 혈당조절을 돕습니다.

2인분 / 전날 25분, 당일 30분

- 현미 1컵
- 표고버섯 4개
- 느타리버섯 100g
- 당근 1/4개(50g)

버섯 양념

- 참기름 1큰술
- 소금 1작은술

비빔장

- 쪽파 1줄기(10g)
- 양조간장 2큰술
- 맛술 1큰술
- 다진 마늘 1/2큰술
- 참기름 1/2큰술
- 통깨 1작은술
- 고춧가루 1작은술

Tip

솥밥 대신 같은 재료를 활용해 모둠 버섯 볶음밥으로 응용해도 좋아요.

전날 준비

1 현미는 씻어 물에 30분간 불린 후 체에 밭쳐 물기를 없앤다.

2 표고버섯은 밑동을 제거하고 모양대로 얇게 썬다. 느타리버섯은 밑동을 제거하고 가닥가닥 뗀다. 두꺼운 것은 반으로 찢는다.

3 끓는 물(5컵)에 소금(1큰술), 표고버섯, 느타리버섯을 넣고 1분간 데친다. 한김 식혀 물기를 꽉 짠다.

4 볼에 표고버섯, 느타리버섯, 버섯 양념 재료를 넣고 버무린다.

5 당근은 얇게 채 썰고, 쪽파는 송송 썬다. 볼에 비빔장 재료를 넣어 섞는다. 준비한 재료는 냉장 보관한다.

당일 준비

6 냄비에 불린 현미, 물(1컵)을 넣고 뚜껑을 덮어 센 불에서 10분 정도 끓인다. 중간중간에 바닥까지 긁어 저어가며 밥이 눌어붙지 않게 한다. 약한 불로 줄여 버섯, 당근을 얹고 10분 정도 더 끓인 후 불을 끄고 15분간 뜸을 들인다.

* 도시락에 비빔장은 따로 담아요.

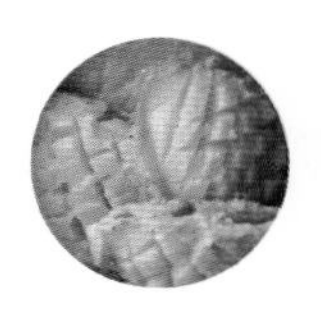

고단백 전복 버터구이

전복은 고단백 저지방 식품으로, 피로회복에 좋은 아르기닌과 타우린이 풍부합니다. 고소 담백한 전복 버터구이로 더위로 지친 날 입맛을 돋워보세요.

2인분 / 전날 15분, 당일 10분

- 전복 4마리
- 버터 10g
- 다진 마늘 1/2큰술
- 소금 1/2작은술
- 후춧가루 약간

전날 준비

1 전복은 껍질째 조리용 솔로 구석구석 문질러 씻는다.

2 숟가락으로 껍질에서 살을 떼어내고 전복 내장을 분리한다. 전복의 뾰족한 부분 2cm 아래를 손톱으로 눌러 전복 이빨을 제거하고 전복 입을 자른다.
* 끓는 물에 15초 가량 데치면 살과 껍질을 쉽게 분리할 수 있어요.

3 전복살에 0.5cm 간격으로 바둑판 모양의 칼집을 넣는다. 준비한 재료는 냉장 보관한다.

당일 준비

4 달군 팬에 버터, 다진 마늘을 넣고 중간 불에서 1분간 볶는다.

5 전복을 넣어 앞뒤로 노릇하게 3분간 더 굽는다. 소금, 후춧가루를 뿌린다.

여름 1주차 별미밥 세트 ②

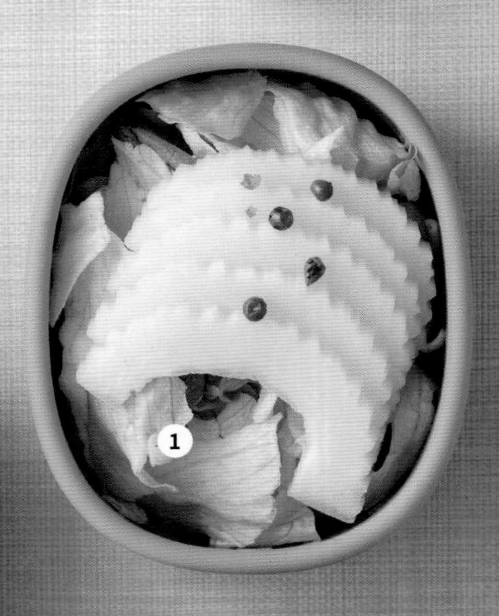

식전 샐러드

① 샐러드 채소 + 드레싱 ·········· 24쪽

밥과 국(미리 준비하면 편해요!)

② 스크램블 장어덮밥 ·········· 125쪽
③ 미소 된장국 ·········· 33쪽

스크램블 장어덮밥 도시락

장어는 단백질과 오메가 3 지방산이 풍부하고 특유의 감칠맛이 일품이어서 밥과 함께 먹으면 포만감을 오래 유지할 수 있어요. 대체 감미료를 넣어 만든 양념으로 당 함량이 낮은 장어덮밥을 만들어보세요.

2인분 / 전날 10분, 당일 20~25분

- 현미밥 2공기(360g)
- 장어 1마리
- 달걀 2개
- 생강 1쪽
- 청주 1큰술
- 소금 1작은술 + 약간
- 후춧가루 약간
- 아보카도유 2큰술

양념

- 양파 1/3개(60g)
- 쪽파 1줄기(10g)
- 물 1/2컵(100㎖)
- 양조간장 3큰술
- 맛술 2큰술
- 알룰로스 1큰술
- 다진 마늘 2작은술

전날 준비

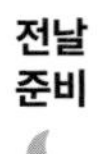

1 장어는 키친타월로 핏물을 제거하고 청주, 소금(1작은술), 후춧가루를 뿌린다.

2 생강은 얇게 채 썬다. 양념용 양파는 얇게 채 썰고, 쪽파는 송송 썬 후 나머지 양념 재료와 골고루 섞는다. 준비한 재료는 냉장 보관한다.

당일 준비

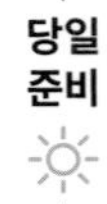

3 볼에 달걀, 소금, 후춧가루를 넣어 섞는다. 달군 팬에 아보카도유(1큰술)를 두르고 달걀물을 부어 달걀이 익기 전에 이리저리 저어가며 스크램블 에그를 한 후 덜어둔다.

4 달군 팬에 아보카도유(1큰술)를 두르고 장어를 올려 중약 불에서 10분간 앞뒤로 노릇하게 구운 후 덜어둔다.

5 팬을 닦고 다시 달궈 ②의 양념을 넣어 중간 불에서 5분간 졸인다.

6 구운 장어를 넣고 약한 불에서 2분간 양념을 발라가며 졸인 후 3cm 길이로 썬다. 용기에 현미밥, 스크램블 에그, 장어를 올리고 생강을 곁들인다.
* 장어를 충분히 익힌 후 양념을 발라야 타지 않아요.

여름
1주차
별식 세트 ①

식전 샐러드

① 샐러드 채소 + 드레싱 ······ 24쪽

식사(미리 준비하면 편해요!)

② 아보카도 통밀 샌드위치 ······ 127쪽

아보카도 통밀 샌드위치 도시락

아보카도는 과일이지만
당이 적고 식이섬유와
비타민 등 영양소가
풍부합니다. 통밀식빵에
아보카도를 듬뿍 넣어 건강한
샌드위치를 만들어보세요.

1인분 / 전날 5분, 당일 15분

- 통밀식빵 2장
- 로메인 6장
- 양상추 6장
- 아보카도 1/2개
- 토마토 슬라이스 2개
- 슬라이스 치즈 1장
- 달걀 1개
- 마요네즈 1작은술
- 홀그레인 머스터드 1작은술
- 아보카도유 1큰술
- 소금 약간
- 후춧가루 약간

전날 준비

1 숙성된 아보카도를 얇게 슬라이스한다. 토마토는 모양대로 0.5cm 두께로 2개를 썬다.

당일 준비

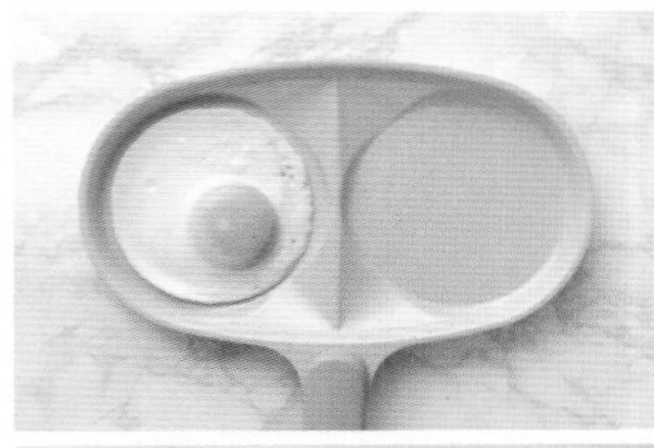

2 달군 팬에 아보카도유를 두르고 달걀을 깨뜨려 올린 후 소금, 후춧가루를 뿌려 중간 불에서 달걀 프라이를 한다.

3 통밀식빵에 마요네즈, 홀그레인 머스터드를 섞어 얇게 펴 바른다.

4 로메인, 양상추를 손바닥으로 납작하게 눌러 펴서 통밀식빵에 차곡차곡 올린다.

5 달걀 프라이 → 토마토 슬라이스 → 아보카도 → 슬라이스 치즈를 얹고 통밀식빵으로 덮은 후 랩으로 감싸 2등분한다.

여름 1주차 별식 세트 ②

김치 콜리플라워 필라프 + 저칼로리 목살 스테이크

도시락

식전 샐러드

① 샐러드 채소 + 드레싱 ········ 24쪽

식사(미리 준비하면 편해요!)

② 김치 콜리플라워 필라프 ········ 130쪽

바로 만드는 반찬(전날 준비해 아침에 만들어도 좋아요!)

③ 저칼로리 목살 스테이크 ········ 131쪽

김치 콜리플라워 필라프

밥을 볶아서 만드는 볶음밥과 달리 필라프는 생쌀을 30분 이상 불렸다가 팬에 볶아 만드는 메뉴예요. 혈당 관리에 용이한 현미와 콜리플라워로 필라프를 만들어보세요.

2인분 / 전날 20분, 당일 40분

- 현미 3/4컵
- 콜리플라워 100g
- 묵은지 50g
- 양파 1/4개(50g)
- 새송이버섯 30g
- 달걀 1개
- 아보카도유 2큰술
- 다진 마늘 1작은술
- 저당 굴소스 1큰술
- 후춧가루 약간

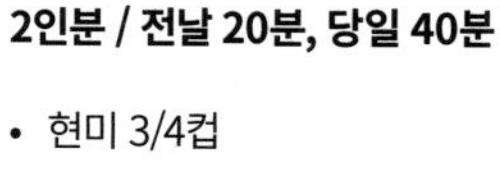

다시마물

- 물 1과 1/2컵(300㎖)
- 다시마 5×5cm 2장

전날 준비

1 현미는 씻어 물에 30분간 불린 후 체에 물기를 없앤다. 볼에 다시마물 재료를 넣어 우려둔다.

2 콜리플라워는 잘게 다지고, 새송이버섯, 양파는 사방 0.5cm 크기로 썬다. 묵은지는 길게 3등분한 다음 1cm 폭으로 썬다. 준비한 재료는 냉장 보관한다.

당일 준비

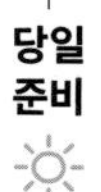

3 달군 팬에 아보카도유(1큰술)를 두르고 김치, 양파, 새송이버섯을 넣어 센 불에서 3분간 볶은 후 덜어둔다.

4 팬을 닦고 다시 달궈 버터, 다진 마늘을 넣고 센 불에서 1분간 볶은 후 마늘향이 올라오면 현미, 콜리플라워를 넣고 3분간 볶는다.

5 중간 불로 줄이고 다시마물을 3~4회 나눠 부으면서 골고루 섞어 뚜껑을 덮고 10분간 익힌다.

6 ③, 굴소스, 후춧가루를 넣고 골고루 섞는다. 다른 달군 팬에 아보카도유(1큰술)를 두르고 달걀을 깨뜨려 넣어 중간 불에서 달걀 프라이를 한 후 김치 필라프에 곁들인다.

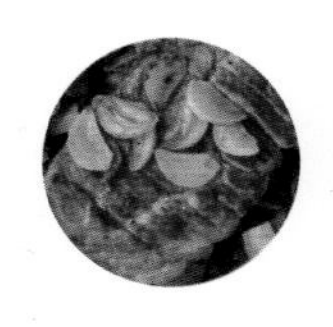

저칼로리 목살 스테이크

돼지고기 목살은 지방이 적고,
필수아미노산과 단백질이
풍부하여 포만감을 높여줍니다.
칼로리도 삼겹살에 비해
상대적으로 낮아
먹기에 부담스럽지 않아요.

2인분 / 전날 20분, 당일 15분

- 돼지고기 목살 200g
- 마늘 3개
- 버터 20g
- 소금 약간
- 후춧가루 약간

전날 준비

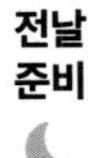

1 돼지고기는 키친타월로 가볍게 눌러 핏물을 제거한 후 칼집을 촘촘하게 넣는다.
* 앞과 뒤의 방향을 교차해서 칼집을 넣으면 더욱 부드러워요.

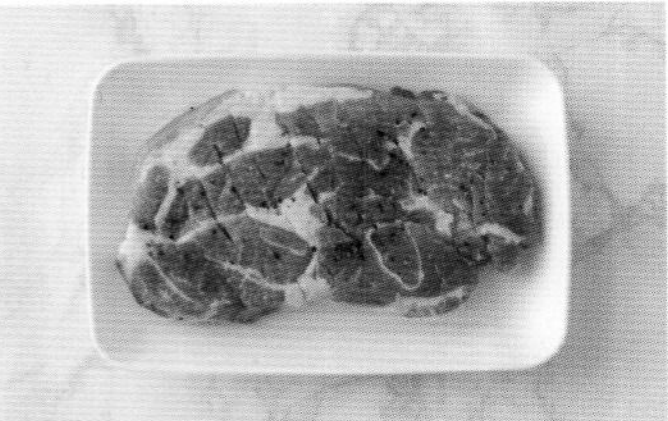

2 돼지고기에 소금, 후춧가루를 골고루 뿌린다.

3 마늘은 편 썬다.
준비한 재료는 냉장 보관한다.

당일 준비

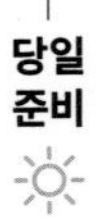

4 달군 팬에 버터를 두르고 중간 불에서 마늘, 돼지고기를 올려 3분간 굽는다. 밑면이 노릇하게 구워지면 뒤집어 2분간 더 굽는다. 고기의 속까지 충분히 익도록 중약 불에서 뚜껑을 덮고 2분간 더 익힌다.

여름 2주차 반찬데이

미리 만들어두었다가 일주일간 활용할 수 있는
계절 반찬을 소개합니다.

꽈리고추찜무침
133쪽

숙주 표고버섯볶음
134쪽

오이볶음
134쪽

공심채볶음
135쪽

꽈리고추찜무침

6인분 / 30분

- 꽈리고추 200g
- 차전자피가루 2큰술
- 통깨 약간

양념

- 고춧가루 1/2큰술
- 양조간장 2큰술
- 알룰로스 1/2큰술
- 다진 마늘 1작은술
- 다진 파 1작은술
- 참기름 1작은술

1. 꽈리고추는 꼭지를 제거한다.
2. 위생팩에 꽈리고추, 차전자피가루를 담고 내용물이 새어 나오지 않도록 비닐 입구를 잘 잡고 흔들어 가루를 골고루 묻힌다.
3. 김이 오른 찜기에 꽈리고추를 넣고 3분간 찐 뒤 꺼내어 한 김 식힌다.
4. 큰 볼에 양념 재료를 넣어 골고루 섞은 후 ③을 넣고 버무린 후 통깨를 뿌린다.

숙주 표고버섯볶음

6인분 / 30분

- 숙주 200g
- 표고버섯 80g
- 다진 마늘 1/2큰술
- 다진 파 1/2큰술
- 아보카도유 2큰술
- 저당 굴소스 1과 1/2큰술
- 양조간장 1큰술
- 참기름 1작은술
- 통깨 약간

1 표고버섯은 밑동을 제거하고 모양대로 썬다.

2 달군 팬에 아보카도유를 두르고 다진 마늘, 다진 파를 넣어 센 불에서 1분간 볶는다. 중간 불로 줄여 표고버섯을 넣어 그대로 둔 채 3분간 익힌 뒤, 숙주를 넣어 2분간 더 익힌다.

3 저당 굴소스, 양조간장을 넣고 2분간 볶은 후 불을 끄고 통깨, 참기름을 넣어 가볍게 버무린다.

오이볶음

6인분 / 20분

- 오이 1과 1/2개(300g)
- 소금 1작은술
- 아보카도유 1큰술
- 다진 마늘 1작은술
- 참기름 1작은술
- 통깨 약간

1 오이는 모양대로 얇게 썬다.

2 볼에 오이, 소금을 넣어 버무려 20분간 절인다.

3 오이가 휘어지면 두 손으로 물기를 살짝 짠다. * 너무 세게 짤 경우 오이가 짓무를 수 있으니 주의해요.

4 달군 팬에 아보카도유를 두르고 다진 마늘을 넣어 센 불에서 1분간 볶는다. 오이를 넣고 2분간 볶은 뒤 불을 끄고 참기름, 통깨를 뿌려 한 번 더 섞는다.

공심채볶음

4인분 / 20분

- 공심채 200g(또는 미나리)
- 청고추 1/2개
- 홍고추 1/2개
- 다진 마늘 1/2큰술
- 멸치액젓 1큰술
- 저당 굴소스 1/2큰술
- 아보카도유 2큰술
- 후춧가루 약간

1 공심채는 5cm 길이로 썰고, 청고추, 홍고추는 잘게 다진다.

2 달군 팬에 아보카도유를 두르고 다진 마늘을 넣어 센 불에서 1분간 볶는다.

3 공심채, 멸치액젓, 저당 굴소스를 넣어 2분간 볶은 후 청고추, 홍고추를 넣어 1분간 더 볶는다. 후춧가루를 뿌린다.
* 볶을 때는 줄기와 잎이 익는 속도가 다르니 줄기부터 넣어 볶아요.

여름 2주차 백반 세트 ①

바둑판 두부구이 + 쇠고기 우거지국

도시락

식전 샐러드

밥과 국(미리 준비하면 편해요!)

반찬(반찬데이에 한꺼번에 만들어요!)

바로 만드는 반찬(전날 준비해 아침에 만들어도 좋아요!)

쇠고기 우거지국

열량이 낮고 식이섬유가 풍부한 우거지는 혈당조절에 도움을 줍니다. 이열치열 더운 여름에 쇠고기 우거지국으로 몸보신 해보세요.

2인분 / 40분

- 데친 우거지 100g
- 쇠고기 국거리 100g
- 콩나물 50g
- 무 지름 10cm, 두께 0.5cm 1토막(50g)
- 대파 흰 부분 15cm
- 다진 마늘 1/2큰술
- 아보카도유 1큰술
- 물 4컵(800㎖)
- 고춧가루 1큰술
- 국간장 1큰술
- 참치액 1/2큰술

전날 준비

1 데친 우거지를 물에 2~3번 씻은 후 물기를 꽉 짜고 한입 크기로 썬다. 무는 사방 2cm 크기, 0.5cm 두께로 나박 썰고, 대파는 어슷 썬다.

2 쇠고기는 한입 크기로 썰고, 키친타월에 올려 핏물을 제거한다.

3 달군 냄비에 아보카도유를 두르고 쇠고기를 넣어 센 불에서 3분간 볶는다.

4 물(4컵), 우거지, 무, 다진 마늘, 대파, 고춧가루, 국간장, 참치액을 넣어 센 불에서 끓인다. 끓어오르면 중약 불로 줄여 20분간 뭉근하게 끓인다.
* 우거지를 너무 오래 삶으면 식감이 떨어질 수 있으니 쇠고기를 먼저 익히고 우거지를 넣어 익혀요.

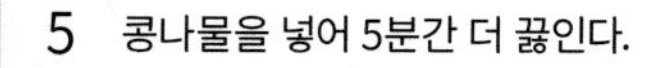

5 콩나물을 넣어 5분간 더 끓인다.

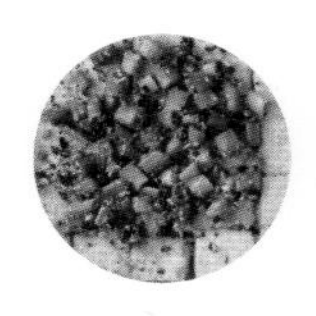

바둑판 두부구이

대표적인 저지방 고단백
식품인 두부는
다양한 저당 식단에서
사용할 수 있습니다.
바둑판으로 모양낸
두부구이는 모양도 예쁘고
조리도 간편하니 도시락
반찬으로 자주 활용해 보세요.

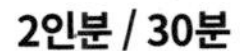

2인분 / 30분

- 두부 1모(300g)
- 올리브유 1큰술
- 송송 썬 쪽파 1줄기분(10g)
- 통깨 간 것 1큰술(또는 통깨)

양념

- 양조간장 2큰술
- 알룰로스 1/2큰술

Tip

토핑을 다양하게 응용하고 싶다면?
달걀 지단, 버섯볶음, 부추, 숙주볶음 등 다양한 토핑을 올려 색다르게 즐길 수 있어요.

당일 준비

1 두부의 윗 부분에 1cm 깊이, 가로, 세로 1~1.5cm 간격으로 칼집을 낸다.
* 도시락 크기에 맞춰 두부 크기를 썬 후 칼집을 내요.

2 조리용 솔 또는 숟가락으로 두부 윗면의 칼집 사이사이에 올리브유를 고르게 펴 바른다.
* 두부가 부스러지지 않도록 주의해요.

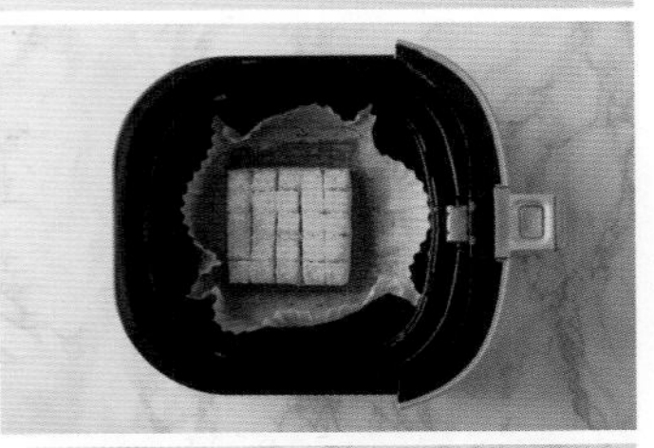

3 160°C로 예열한 에어프라이어(오븐)에 두부를 넣고 20분간 굽는다.
* 옮길 때 두부가 쪼개지거나 부서질 수 있으니 주의하고, 중간중간 두부의 구워진 상태를 확인하고 시간을 조절해요.

4 볼에 양념 재료를 넣어 섞는다.

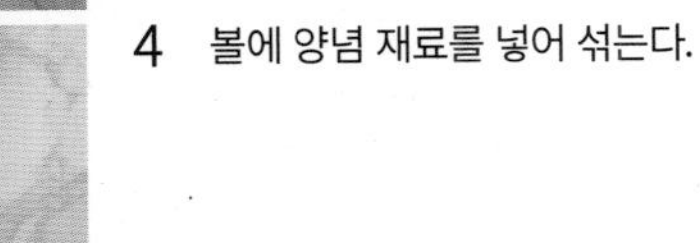

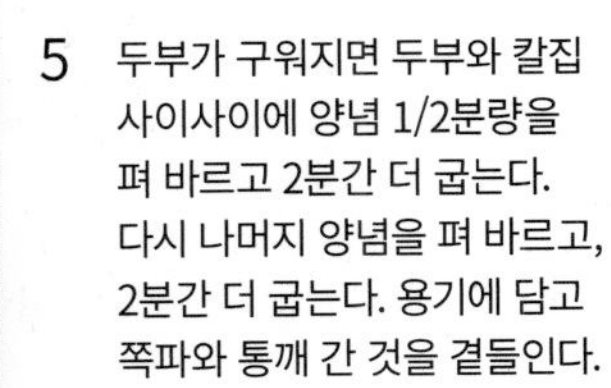

5 두부가 구워지면 두부와 칼집 사이사이에 양념 1/2분량을 펴 바르고 2분간 더 굽는다. 다시 나머지 양념을 펴 바르고, 2분간 더 굽는다. 용기에 담고 쪽파와 통깨 간 것을 곁들인다.

여름
2주차
백반 세트 ②

1

6

2

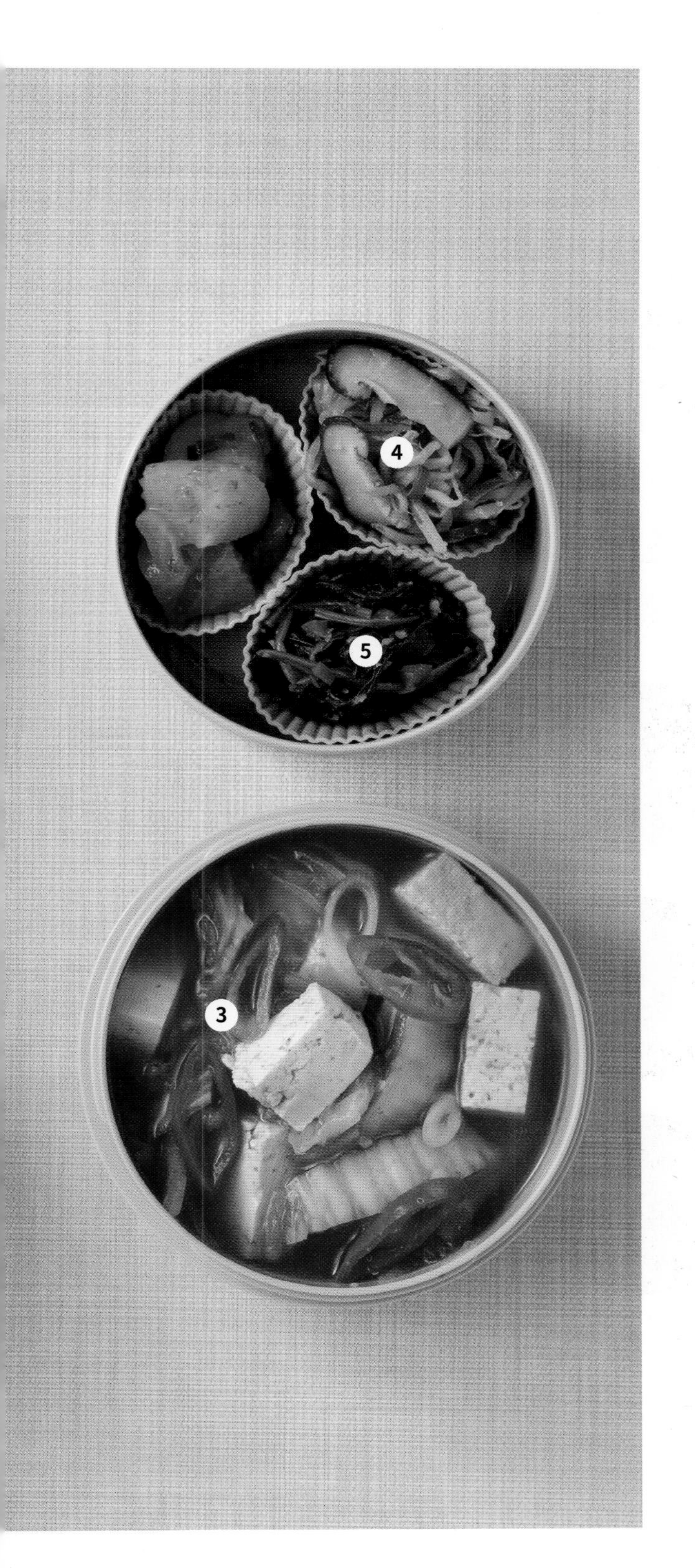

칼집 갈치구이 + 김치 청국장찌개

도시락

식전 샐러드

① 샐러드 채소 + 드레싱 ······ 24쪽

밥과 국(미리 준비하면 편해요!)

② 현미밥 ······ 26쪽
③ 김치 청국장찌개 ······ 142쪽

반찬(반찬데이에 한꺼번에 만들어요!)

④ 숙주 표고버섯볶음 ······ 134쪽
⑤ 공심채볶음 ······ 135쪽

바로 만드는 반찬(전날 준비해 아침에 만들어도 좋아요!)

⑥ 칼집 갈치구이 ······ 143쪽

김치 청국장찌개

최근 판매하는 청국장은
냄새가 강하지 않아
도시락에 애용해요.
청국장의 발효과정에서 혈당을
낮춰주는 비타민 B가 증가하며,
식이섬유도 풍부해 혈당 관리에
좋습니다. 자글자글 끓인
구수한 청국장으로
맛있는 식사를 차려보세요.

4인분 / 30분

- 청국장 200g
- 배추김치 150g
- 두부 2/3모(200g)
- 양파 1/2개(100g)
- 대파 흰 부분 15cm
- 청고추 1/2개
- 홍고추 1/2개
- 된장 1큰술(염도에 따라 가감)
- 다진 마늘 1큰술
- 고춧가루 1작은술

멸치 다시마 국물
- 국물용 멸치 10마리
- 다시마 5×5cm 1장
- 물 4컵(800㎖)

Tip

더 풍성하게 즐기려면?
돼지고기를 썰어 넣거나
청양고추를 넣으면 칼칼한
청국장찌개를 만들 수 있어요.

전날 준비

1 배추김치는 한입 크기로 썬다.

2 양파, 두부는 사방 2cm 크기로 썰고, 대파, 청고추, 홍고추는 0.5cm 두께로 어슷 썬다.

3 냄비에 멸치 다시마 국물 재료를 모두 넣고 센 불에서 끓인다. 끓어오르면 다시마를 건져내고 중간 불로 줄여 10분간 더 끓인 뒤 국물용 멸치를 건진다.

4 ③의 국물에 배추김치, 양파, 청국장, 된장, 다진 마늘, 고춧가루를 넣고 센 불로 올려 국물이 끓어오르면 두부를 넣어 5분간 더 끓인다.

5 청고추, 홍고추, 대파를 넣고 2분간 더 끓인다.

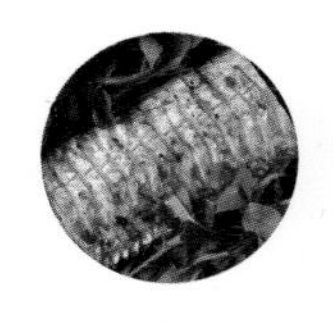

칼집 갈치구이

여름이 제철인 갈치는
필수아미노산이 풍부한
단백질 식품입니다.
혈당을 생각한다면 전분가루
없이 갈치를 구워보세요.

1인분 / 전날 10분, 당일 20분

- 손질된 갈치 100g
- 아보카도유 2큰술
- 소금 약간
- 후춧가루 약간

전날 준비

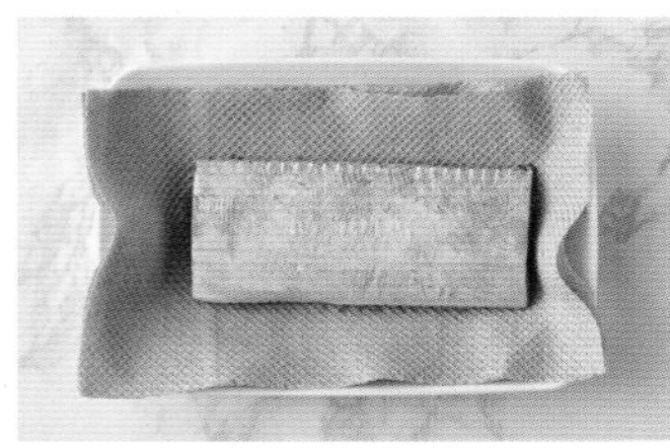

1 손질된 갈치는 흐르는 물에
씻은 후 키친타월로 눌러
물기를 최대한 제거한다.

2 갈치를는 도시락 용기 크기를 고려해
자르고 앞뒤로 칼집을 넣는다.

3 갈치의 간 상태에 따라
소금, 후춧가루로 밑간한다.
준비한 재료는 냉장 보관한다.

당일 준비

4 달군 팬에 아보카도유를 두르고
갈치를 올린 후 중약 불에서
서서히 10분간 굽는다. 노릇하게
구워지면 뒤집어서 5분 더 굽는다.
* 200°C로 예열한 오븐(에어프라이어)에
갈치를 넣어 18분간 구워도 좋아요.
중간에 상태를 확인하고 뒤집어요.

여름 2주차 별미밥 세트 ①

식전 샐러드

① 샐러드 채소 + 드레싱 ······ 24쪽

밥과 국(미리 준비하면 편해요!)

② 낫토 아보카도덮밥 ······ 145쪽

③ 김칫국 ······ 32쪽

낫토 아보카도덮밥 도시락

발효식품인 낫토는 당지수가 낮고 식이섬유가 풍부해 장운동을 활발하게 도와주고, 포만감을 줍니다. 현미밥에 낫토와 부드러운 아보카도를 곁들여 쓱쓱 비벼 먹어보세요.

1인분 / 20분

- 현미밥 1공기(180g)
- 낫토 1팩
- 아보카도 1/2개(70g)
- 달걀 1개
- 저당 쯔유 1큰술
- 생와사비 약간(기호에 따라 가감)
- 아보카도유 1큰술
- 참기름 1/2작은술
- 김가루 약간

비빔장

- 저당 쯔유 1큰술
- 생와사비 1/2작은술
- 참기름 1작은술
- 통깨 약간

당일 준비

1 숙성된 아보카도는 껍질을 벗기고 모양대로 얇게 썬다.

2 낫토에 저당 쯔유, 생와사비를 넣어 섞는다.

3 볼에 비빔장 재료를 넣고 섞는다.

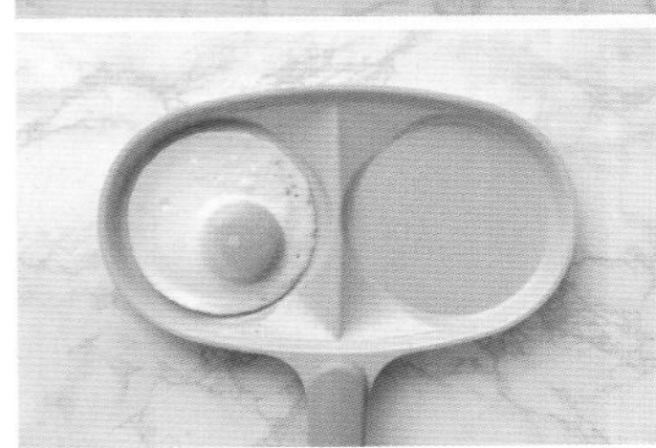

4 달군 팬에 아보카도유를 두르고 달걀을 깨뜨려 넣고 소금, 후춧가루를 뿌려 달걀 프라이를 한다. 뒤집지 않고 달걀흰자가 모두 익으면 불을 끈다. 용기에 현미밥을 담고 낫토, 아보카도, 달걀 프라이를 올린다. 참기름, 김가루, 비빔장을 곁들인다.

* 도시락에 비빔장은 따로 담고 취향껏 가감해요.

여름 2주차 별미밥 세트 ②

식전 샐러드

① 샐러드 채소 + 드레싱 ······· 24쪽

밥과 국(미리 준비하면 편해요!)

② 두반장 제육덮밥 ······· 147쪽

③ 김칫국 ······· 32쪽

두반장 제육덮밥 도시락

쫄깃한 돼지고기에
칼슘과 베타카로틴이 풍부한
청경채를 넣고 두반장,
굴소스로 양념을 하면
익숙한 듯 색다른 중화풍의
제육덮밥이 완성됩니다.

3인분 / 전날 20분, 당일 15분

- 현미밥 3공기(540g)
- 돼지고기 불고기용 300g
- 청경채 40g
- 대파 15cm
- 아보카도유 2큰술
- 통깨 1작은술

양념

- 다진 마늘 1/2큰술
- 청주 1큰술
- 저당 굴소스 1/2큰술
- 양조간장 1작은술
- 두반장 1큰술
- 알룰로스 1작은술
- 후춧가루 약간

Tip

두반장이 없다면?
두반장 대신 된장 1큰술, 저당
고추장 1큰술, 고춧가루 1작은술,
해물육수(다시마물) 약간,
양조간장 1큰술, 알룰로스 1큰술을
섞어서 사용하세요.

전날 준비

1 돼지고기는 5cm 폭으로 썬다.

2 큰 볼에 양념 재료를 넣고
섞은 후 돼지고기를 넣어 버무린다.

3 청경채는 5cm 폭으로 썰고,
대파는 어슷 썬다.
준비한 재료는 냉장 보관한다.

당일 준비

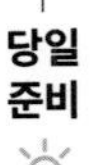

4 달군 팬에 아보카도유를 두르고
센 불에서 ②의 돼지고기를 넣어
1분간 볶은 후 중간 불로 줄여
5분간 더 볶는다.

5 청경채, 대파를 넣어 한 번 더
볶은 후 불을 끈다.
현미밥에 곁들이고 통깨를 뿌린다.

여름 2주차 별식 세트 ①

식전 샐러드

① 샐러드 채소 + 드레싱 ······ 24쪽

식사(미리 준비하면 편해요!)

② 시금치 또띠아피자 ······ 149쪽

시금치 또띠아피자 도시락

밀가루 도우 대신에
통밀 또띠아를 도우로 사용하여
피자를 만들어보세요.
도우가 얇으니
배가 더부룩하지 않고,
건강하게 즐길 수 있어요.

전날 준비

1 베이컨은 1cm 폭으로 썰고,
시금치는 한입 크기로 썬다.
손질한 재료는 냉장 보관한다.

당일 준비

2 통밀 또띠아에 바질페스토를
펴 바른 후 슈레드 피자 치즈
1/2분량을 골고루 뿌린다.

3 ②에 베이컨, 시금치를 올리고
나머지 슈레드 피자 치즈를
골고루 올리고 소금, 후춧가루,
아몬드 슬라이스를 뿌린다.

4 180°C로 예열한 오븐
(에어프라이어)에서 10분간 굽는다.
* 오븐이 없다면 달군 팬에
또띠아피자를 올리고 중간 불에서
뚜껑을 덮고 10분간 익혀요.

1인분 / 전날 5분, 당일 20분

- 통밀 또띠아 2장
- 베이컨 2줄
- 어린 시금치 20g
- 슈레드 피자 치즈 100g
- 바질페스토 2큰술
- 아몬드 슬라이스 10g
- 소금 약간
- 후춧가루 약간

Tip

더 건강하게 즐기려면?
나트륨이 낮은 토핑을 선택하세요.
가공치즈보다는 식품유형이 '치즈'인 것을
사용해요. 또한 당함량이 적은
순두부 또띠아 등으로 변경해도 좋아요.

여름
2주차
별식 세트 ②

닭다리살 포케 도시락

해산물 대신 닭고기를 넣어도
맛있는 포케 한 그릇을
만들 수 있어요.
고단백 식품인 닭고기가 들어간
포케 도시락으로 든든하게
혈당 관리를 해보세요.

1인분 / 전날 30분, 당일 15분

- 현미밥 2/3공기(140g)
- 닭다리살 60g
- 오이 30g
- 방울토마토 30g
- 적양배추 30g(또는 양배추)
- 양파 10g
- 로메인 20g
- 루꼴라 10g
- 불린 병아리콩 20g
  (또는 통조림 옥수수)
- 아보카도유 1큰술
- 소금 1/2작은술

닭다리살 밑간
- 맛술 1큰술
- 다진 마늘 1작은술
- 소금 약간
- 후춧가루 약간

포케 소스
- 양조간장 1/2큰술
- 맛술 1작은술
- 알룰로스 1작은술
- 참기름 1/2작은술
- 통깨 1작은술

Tip

도시락에 담을 때 담은 분량보다
조금 더 큰 용기에 담으면
식사할 때 편하게 먹을 수 있어요.

전날 준비

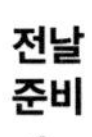

1 오이는 사방 1cm 크기로 썰고,
방울토마토는 2등분한다.
적양배추, 양파는 가늘게 채 썰고,
로메인, 루꼴라는 한입 크기로 썬다.
양파는 얼음물에 담가 매운맛을
빼고 체에 밭쳐 물기를 뺀다.

2 닭다리살은 한입 크기로 썰고,
밑간 재료와 버무린다.

3 냄비에 물(2컵), 소금(1/2작은술),
불린 병아리콩을 넣어 센 불에서
20분간 삶는다.

4 볼에 포케 소스 재료를 넣어 섞는다.
준비한 재료는 냉장 보관한다.

당일 준비

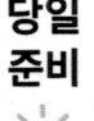

5 달군 팬에 아보카도유를 두르고
닭다리살을 올려 중간 불에서
5분간 굽는다. 한쪽 면이 익으면
뒤집어 2분간 굽는다.
용기에 현미밥을 담고
나머지 재료를 둘러 담는다.
* 도시락에 포케 소스는 따로 담고
취향껏 가감해요.

여름 3주차 반찬데이

미리 만들어두었다가 일주일간 활용할 수 있는
계절 반찬을 소개합니다.

고구마순볶음
153쪽

도라지 오이무침
154쪽

참나물 로메인겉절이
154쪽

곤드레나물
155쪽

고구마순볶음

4인분 / 30분

- 고구마순 200g
- 양파 1/4개(50g)
- 아보카도유 1큰술
- 다진 마늘 1작은술
- 다진 파 1큰술
- 국간장 1큰술

1. 끓는 물(5컵)에 소금(1작은술), 고구마순을 넣어 센 불에서 1분간 데친 후 찬물로 헹궈 물기를 꼭 짠다.
2. 고구마순 끝을 살짝 꺾어 밑으로 쭉 내리면서 껍질을 벗긴다.
   * 데친 후 껍질을 벗기면 더 잘 벗겨져요.
3. 고구마순은 5cm 길이로 썰고, 양파는 얇게 채 썬다.
4. 달군 팬에 아보카도유를 두르고 다진 마늘, 다진 파를 넣어 센 불에서 1분간 볶는다.
5. 고구마순, 국간장을 넣어 3분간 더 볶는다.

도라지 오이무침

8인분 / 30분

- 깐 도라지 150g
- 오이 1개(200g)
- 양파 1/4개(50g)

도라지 절임양념
- 소금 1작은술
- 식초 1/2큰술
- 알룰로스 1/2큰술

오이 절임양념
- 소금 1작은술
- 알룰로스 1/2큰술

양념
- 고춧가루 1큰술
- 저당 고추장 1큰술
- 다진 마늘 1큰술
- 소금 1작은술
- 식초 3큰술
- 알룰로스 2큰술
- 통깨 약간

1 도라지는 5cm 길이로 썬다. 오이는 길게 2등분해 어슷 썰고, 양파는 가늘게 채 썬다.

2 볼에 도라지와 도라지 절임양념을, 다른 볼에 오이와 오이 절임양념을 각각 넣어 버무린 후 10~20분간 재운다.

3 큰 볼에 양념 재료를 넣어 골고루 섞은 후 ②, 양파를 넣어 골고루 버무린다.

참나물 로메인겉절이

6인분 / 20분

- 참나물 150g
- 로메인 200g(또는 청상추)
- 참기름 1/2큰술
- 통깨 약간

양념
- 다진 마늘 1/2큰술
- 다진 파 1/2큰술
- 참치액 1큰술
- 알룰로스 1/2큰술
- 고춧가루 1/2큰술

1 로메인은 4cm 폭으로 썰고, 참나물은 부드러운 줄기와 잎만 떼어낸다.

2 큰 볼에 양념 재료를 넣어 섞은 후 로메인, 참나물을 넣고 골고루 버무린다. 참기름과 통깨를 뿌려 한 번 더 버무린다.

곤드레나물

6인분 / 20분(+ 곤드레 데치기 40분)

- 말린 곤드레 50g
  (또는 삶은 곤드레 250g)
- 다진 마늘 1/2큰술
- 다진 파 1/2큰술
- 국간장 1큰술
- 참기름 1/2큰술
- 통깨 약간

1 끓는 물(5컵)에 말린 곤드레를 넣고 센 불에 끓인다.
끓어오르면 중간 불로 줄여 15분간 삶는다. 불을 끄고 20분간 뜸을 들인다.

2 곤드레가 충분히 부드러워지면 찬물로 여러 번 헹구고 체에 밭쳐
물기를 뺀 후 5cm 길이로 썬다.

3 큰 볼에 다진 마늘, 다진 파, 국간장, 삶은 곤드레를 넣어 골고루 버무린다.
참기름, 통깨를 넣어 한 번 더 버무린다.

여름 3주차 백반 세트 ①

저당 등갈비 김치찜 + 콩나물 냉국

도시락

식전 샐러드

밥과 국(미리 준비하면 편해요!)

반찬(반찬데이에 한꺼번에 만들어요!)

바로 만드는 반찬(전날 준비해 아침에 만들어도 좋아요!)

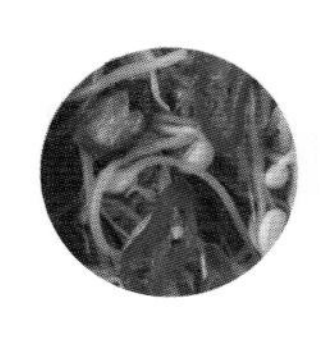

콩나물 냉국

이소플라본이 들어있어
혈당 관리에 도움을 주는
콩나물국은 어느 반찬과도
잘 어울리는 팔방미인 국입니다.
더운 여름, 콩나물 냉국으로
시원하게 속을 풀어보세요.

4인분 / 30분

- 콩나물 150g
- 청고추 1/2개
- 홍고추 1/2개
- 대파 10cm
- 다진 마늘 1큰술
- 소금 1/2큰술
- 참치액 1/2큰술(또는 국간장, 새우젓)

멸치 다시마 국물

- 국물용 멸치 10마리
- 다시마 5×5cm 1장
- 물 3컵(600㎖)

Tip

얼큰하게 만들려면?
청고추 대신 청양고추를 사용하면
칼칼한 맛의 콩나물 냉국을 만들 수
있어요.

전날 준비

1 청고추, 홍고추, 대파는 어슷 썬다.

2 냄비에 멸치 다시마 국물 재료를
넣어 센 불에서 끓인다.
끓어오르면 다시마는 건지고
중간 불로 줄여 10분간 더 끓인 후
국물용 멸치를 건진다.

3 ②의 국물에 콩나물, 다진 마늘,
소금, 참치액을 넣어 3분간 끓인다.

4 청고추, 홍고추, 대파를 넣고
2분간 더 끓인 후 한김 식혀
냉장고에서 시원하게 보관한다.

저당 등갈비 김치찜

김치와 돼지고기는
찰떡궁합입니다. 당을 줄이기
위해 대체 감미료와
저당 고추장을 사용했어요.
여름이라 기운이 없고
입맛 없을 때 등갈비김치찜으로
입맛을 돋워보세요.

4인분 / 40~50분

- 묵은지 1/2포기
- 돼지고기 등갈비 1kg
- 양파 1/2개(100g)
- 대파 15cm

등갈비 데침용

- 물 5컵(1ℓ)
- 양파 1/2개(100g)
- 대파 15cm
- 마늘 10개
- 생강 1톨(5g)
- 통후추 10알
- 월계수 잎 2장
- 청주 1/4컵(50mℓ)

양념

- 알룰로스 1큰술
- 저당 고추장 1큰술
- 국간장 1큰술
- 맛술 2큰술
- 다진 마늘 1큰술
- 후춧가루 약간

멸치 다시마 국물

- 국물용 멸치 6마리
- 다시마 5×5cm 1장
- 물 2컵(400mℓ)

Tip

도시락 크기가 작다면?
도시락에 담는다면 등갈비의 뼈 크기는
매우 중요해요. 등갈비를 살 때
도시락에 들어가는 크기인지 확인하세요.
도시락보다 큰 뼈를 구입했다면
살만 발라서 담는 방법도 있어요.

전날 준비

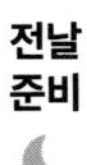

1 큰 볼에 등갈비, 잠길 정도의 찬물을 넣고 1시간 정도 담가 핏물을 제거한다. 중간중간 3번 정도 물을 갈아준다.
* 이때 설탕 2큰술을 넣으면 핏물이 빨리 빠져요.

2 등갈비 데침용 양파는 2등분하고, 생강은 엄지 손톱 크기로 썬다. 냄비에 등갈비 데침용 재료를 모두 넣고 센 불에서 끓인다. 끓어오르면 등갈비를 넣고 센 불에서 5분간 삶은 후 찬물로 헹궈 고기에 붙어있는 이물질을 닦고 체에 밭쳐 물기를 제거한다.

3 큰 볼에 양념 재료를 넣고 섞은 후 삶은 등갈비를 넣어 골고루 버무린다.

4 다른 냄비에 멸치 다시마 국물 재료를 모두 넣고 센 불에서 끓인다. 끓어오르면 다시마를 빼고 중간 불로 줄여 10분간 더 끓인 후 멸치를 건져내고 불을 끈다.
* 멸치 다시마 국물 대신 물 2컵에 코인 육수를 넣어 사용해도 돼요.

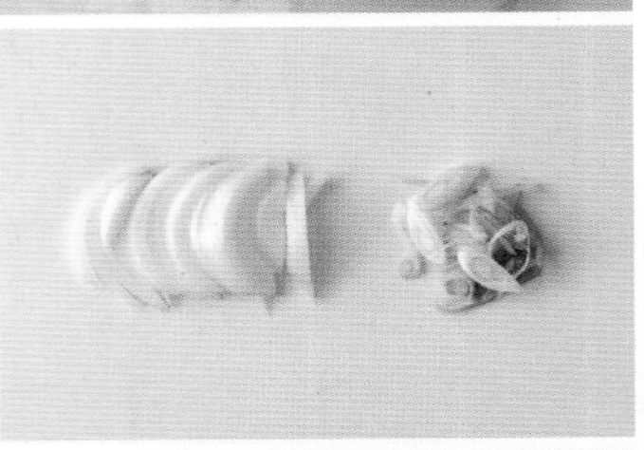

5 양파는 0.5cm 두께로 채 썰고, 대파는 어슷 썬다.

6 냄비에 양파를 깔고, 등갈비, 묵은지를 올려 멸치 다시마 국물을 붓는다. 뚜껑을 덮어 센 불에서 끓인다. 끓어오르면 중약 불로 줄여 20분간 뭉근하게 끓인 후 대파를 넣는다.

여름 3주차 백반 세트 ②

팽이버섯 달걀찜 + 차돌박이 된장찌개

도시락

식전 샐러드

밥과 국(미리 준비하면 편해요!)

반찬(반찬데이에 한꺼번에 만들어요!)

바로 만드는 반찬(전날 준비해 아침에 만들어도 좋아요!)

차돌박이 된장찌개

발효음식인 된장은
소화를 돕고 암이나 당뇨,
비만을 억제합니다.
구수한 된장과 야들한
차돌박이가 어우러지면서
된장찌개에 깊은 풍미를
더합니다. 된장찌개로 지치고
힘든 일상을 위로해 보세요.

4인분 / 35분

- 쇠고기 차돌박이 150g
- 애호박 1/3개(100g)
- 두부 1/2모(150g)
- 양파 1/4개(50g)
- 표고버섯 3개(60g)
- 대파 15cm
- 청고추 1/2개
- 홍고추 1/2개
- 된장 2큰술(염도에 따라 가감)
- 고춧가루 1큰술
- 다진 마늘 1큰술

멸치 다시마 국물
- 국물용 멸치 10마리
- 다시마 5×5cm 1장
- 물 4컵(800mℓ)

전날 준비

1 냄비에 멸치 다시마 국물 재료를 넣어 센 불에서 끓인다. 끓어오르면 다시마는 건지고 중간 불로 줄여 10분간 더 끓인 후 국물용 멸치를 건진다.

2 애호박은 1.5cm 폭으로 썰고 4등분한다. 양파는 애호박 크기에 맞춰 썰고, 표고버섯은 밑동을 떼고 4등분한다. 대파, 청고추, 홍고추는 어슷 썬다.

3 두부는 사방 2cm 크기로 썬다.

4 ①의 국물에 된장을 넣어 푼 후 애호박, 양파, 표고버섯, 두부를 넣어 센 불에서 10분간 끓인다.

5 국물이 끓어오르면 쇠고기, 고춧가루, 다진 마늘을 넣고 중간 불로 줄여 5분간 더 끓인 후 청고추, 홍고추, 대파를 넣어 1분간 더 끓인다.

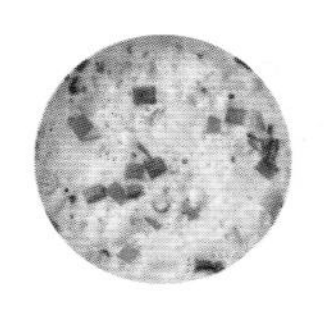

팽이버섯 달걀찜

팽이버섯은 다른 버섯과 달리
아삭하면서 쫄깃한 식감을
갖고 있어요. 게다가
베타글루칸 성분이 많아
혈당과 혈중 콜레스테롤을
조절합니다.
팽이버섯 달걀찜으로 도시락을
빠르고 쉽게 준비해 보세요.

1인분 / 전날 15분, 당일 15분

- 달걀 2개
- 팽이버섯 40g
- 날치알 30g(생략 가능)
- 쪽파 1줄기(10g)
- 홍고추 1/2개
- 물 1/2컵(100㎖)
- 소금 1/2작은술
- 맛술 1/2큰술
- 후춧가루 약간

Tip

냉동 날치알을 사용한다면?
요리 시작 전 꺼내 놓으면 금방 녹아요.
비린 맛에 예민하다면 맛술 1작은술을
넣어 조리하세요.

다양하게 응용하려면?
달걀찜 안에 넣는 재료를 바꾸면
다양한 달걀찜을 만들 수 있어요.
애호박, 당근, 양파, 쪽파, 시금치,
새우살 등을 추천해요.

전날 준비

1 볼에 달걀을 푼 후 물, 소금, 맛술, 후춧가루를 넣어 골고루 섞는다.

2 달걀물을 체에 내린다.
* 체에 내리면 더 부드러운 달걀찜을 만들 수 있어요.

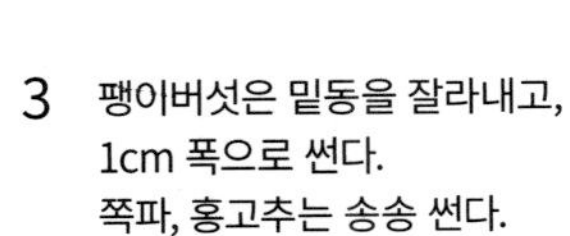

3 팽이버섯은 밑동을 잘라내고, 1cm 폭으로 썬다.
쪽파, 홍고추는 송송 썬다.

4 달걀물을 내열용기에 담고 팽이버섯, 날치알, 쪽파, 홍고추를 넣어서 골고루 섞는다.
준비한 재료는 냉장 보관한다.

당일 준비

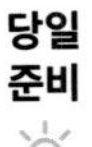

5 내열용기에 랩을 씌워 구멍을 군데군데 뚫는다. 김이 오른 찜기에 올려 10분간 익힌다.
* 젓가락으로 찔러보아 달걀물이 올라오지 않으면 익은 것이고, 달걀물이 올라오면 1분 정도 더 익혀요. 가열할 수 있는 도시락 용기라면 도시락 용기에 바로 요리하면 편해요.

여름 3주차 별미밥 세트 ①

식전 샐러드

① 샐러드 채소 + 드레싱 ······ 24쪽

밥과 국(미리 준비하면 편해요!)

② 곤드레 오징어밥 ······ 165쪽

③ 어묵국 ······ 33쪽

곤드레 오징어밥 도시락

미네랄과 영양소가 풍부하고
특유의 향긋함이 있는
곤드레와 쫄깃하고 짭조름한
오징어를 함께 넣어 밥을
해보세요. 식이섬유, 단백질이
풍부한 든든한 한끼 식사가
된답니다.

2인분 / 전날 45분, 당일 30분

- 현미 1컵
- 오징어 1마리(작은 것, 120g)
- 말린 곤드레 10g
  (또는 데친 곤드레 50g)
- 들기름 1큰술
- 물 1컵(200㎖)

비빔장

- 송송 썬 쪽파 2줄기분
  (20g, 또는 다진 대파)
- 양조간장 2큰술
- 알룰로스 1큰술
- 다진 마늘 1작은술
- 참기름 1/2큰술
- 통깨 약간

Tip

오징어와 곤드레는 너무 오래
볶지 않도록 해야 해요.
오징어는 오랫동안 익힐 경우 질겨지고,
곤드레는 식감이 떨어질 수 있습니다.

전날 준비

1 현미는 씻어 물에 30분간 불린 후 체에 물기를 없앤다.
오징어는 손질한 후 한입 크기로 썬다.

2 말린 곤드레는 물에 담가 살살 흔들어 2~3회 헹구고 물(2와 1/2컵)을 부어 3시간 정도 불린다. 불린 곤드레는 다시 물에 헹궈 꽉 짠다.

3 냄비에 곤드레, 잠길 정도의 물을 넣고 센 불에 삶는다. 끓어오르면 뚜껑을 덮고 중간 불로 줄여 30분 정도 삶는다. 불을 끄고 10분간 뜸을 들인다.

4 삶은 곤드레는 찬물에 헹궈 물기를 꽉 짜고 5cm 길이로 썬다. 볼에 비빔장 재료를 넣어 섞는다. 준비한 재료는 냉장 보관한다.

당일 준비

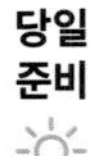

5 달군 냄비에 들기름을 두르고 오징어를 넣어 센 불에서 1분간 볶는다.

6 냄비에 불린 현미, 곤드레, 물(1컵)을 넣어 센 불로 10분간 익힌다. 끓어오르면 주걱으로 바닥까지 한 번 뒤집은 후 중간 불로 5분, 약한 불로 5분간 끓인다. 볶은 오징어를 넣어 불을 끄고 10분간 뜸을 들인다.

여름 3주차 별미밥 세트 ②

식전 샐러드

① 샐러드 채소 + 드레싱 ········ 24쪽

밥과 국(미리 준비하면 편해요!)

② 담백 마파 두부덮밥 ················ 167쪽

③ 달걀국 ·· 33쪽

담백 마파 두부덮밥 도시락

고단백 식품인 두부로
맵지 않고 담백한 마파두부를
만들었어요. 전분을 빼고
대체 감미료와 저당 굴소스를
사용해 건강하게 만들었습니다.

2인분 / 전날 15분, 당일 25분

- 현미밥 2공기(360g)
- 두부 200g
- 다진 돼지고기 80g
- 대파 50g
- 양파 1/4개(50g)
- 청피망 50g
- 청주 1큰술
- 아보카도유 2큰술
- 다진 마늘 1작은술
- 후춧가루 약간
- 통깨 약간

양념

- 물 2큰술
- 두반장 1큰술
- 저당 굴소스 1/2큰술
- 알룰로스 1작은술

Tip

두반장이 없다면?
두반장 대신 된장 1큰술, 저당 고추장 1큰술, 고춧가루 1작은술, 해물육수(다시마물) 약간, 양조간장 1큰술, 알룰로스 1큰술을 섞어서 사용하세요.

더 건강하게 즐기려면?
시판 마파두부 양념을 이용한다면 원재료에 전분, 설탕 등 혈당을 올리는 재료가 포함되어 있는지 확인해야 해요.

전날 준비

1 두부는 사방 1.5cm 크기로 썬다.

2 양파, 청피망은 사방 0.5cm 크기로 썰고, 대파는 송송 썬다.

3 돼지고기에 청주, 후춧가루를 뿌려 버무린다.

4 볼에 양념 재료를 넣고 골고루 섞는다.
준비한 재료는 냉장 보관한다.

당일 준비

5 달군 팬에 아보카도유를 두르고 대파를 넣어 센 불에서 1분간 볶는다. 대파 기름이 나오면 양파, 다진 마늘을 넣고 2분간 더 볶는다.

6 돼지고기를 넣어 2분, 두부, 청피망, 양념을 넣어 1분간 더 볶는다. 불을 끄고 통깨를 뿌려 현미밥에 곁들인다.
* 볶을 때 두부가 부서지지 않게 주의해요.

여름 3주차 별식 세트 ①

식전 샐러드

① 샐러드 채소 + 드레싱 ········ 24쪽

식사(미리 준비하면 편해요!)

② 버섯 치아바타 샌드위치 ········ 169쪽

버섯 치아바타 샌드위치 도시락

이탈리아어로 '낡은 신발,
슬리퍼'라는 뜻의 치아바타.
고대밀의 한 종류인 듀럼밀로
만든 치아바타에 쫄깃한
버섯을 넣어 샌드위치를 만들면
충분한 한끼 식사가 된답니다.

1인분 / 전날 5~10분, 당일 20~25분

- 통밀 치아바타 1개
- 로메인 4장
- 느타리버섯 30g(또는 맛타리버섯)
- 양송이버섯 30g
- 토마토 슬라이스 2개
- 슬라이스 치즈 2장
- 양파 1/10개(20g)
- 할라피뇨 6개
- 마요네즈 1작은술
- 홀그레인 머스터드 1작은술
- 발사믹 글레이즈 1/2작은술
- 버터 5g
- 소금 약간
- 후춧가루 약간

Tip

발사믹 글레이즈를 사용하되, 당이
농축되어 있으므로 사용량을 조절해요.

전날 준비

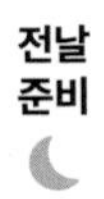

1 양송이버섯는 모양대로 얇게 썰고,
느타리버섯은 가닥가닥 찢는다.
양파는 얇게 채 썬다.
준비한 재료는 냉장 보관한다.

당일 준비

2 통밀 치아바타에 칼집을 넣어
반으로 펼친다. 160°C로 예열한
오븐(에어프라이어)에 넣어
5분간 굽는다.

3 달군 팬에 버터를 넣고 느타리버섯,
양송이버섯, 양파, 소금, 후춧가루를
넣어 센 불에서 2분간 볶은 후
발사믹 글레이즈를 넣어 1분간 더
볶는다.

4 통밀 치아바타 안쪽 면에 마요네즈,
홀그레인 머스터드를 섞어 바르고
로메인 → 토마토 슬라이스
→ 슬라이스 치즈 → 볶은 버섯
→ 할라피뇨를 순서대로 올리고
통밀 치아바타로 덮는다.
랩으로 감싸 2~3등분한다.

여름 3주차 별식 세트 ②

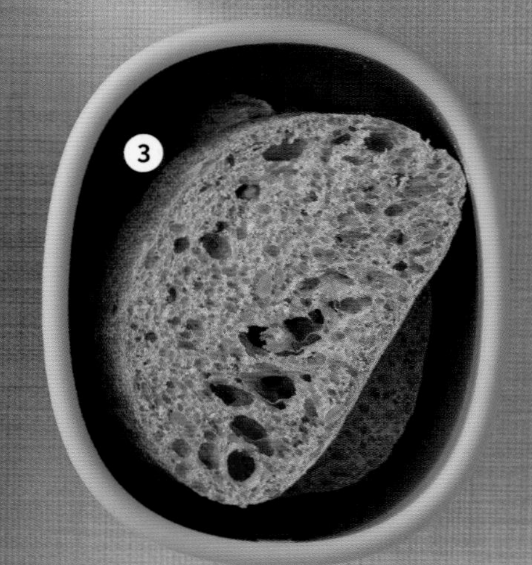

식전 샐러드

① 샐러드 채소 + 드레싱 ········ 24쪽

식사(미리 준비하면 편해요!)

② 라따뚜이 ········ 171쪽
③ 통밀빵 ········ 171쪽

라따뚜이 통밀빵 도시락

프랑스 요리 라따뚜이는
가지, 호박, 토마토 등을 끓여
만드는 채소 스튜를 말합니다.
식이섬유 가득한 채소는
포만감을 주고 혈당을 천천히
올립니다. 간편하게 조리해서
맛있는 한끼를 즐겨보세요.

2인분 / 전날 15분, 당일 25분

- 쥬키니 1/2개(또는 애호박)
- 가지 1개
- 토마토 3개
- 통밀빵 2조각(70g)
- 녹인 버터 20g
- 슈레드 피자 치즈 40g
- 올리브유 2큰술
- 소금 1/2작은술
- 후춧가루 약간
- 그라나 파다노 치즈 간 것 약간

Tip

당일 아침 시간이 부족하다면
1인 분량 정도만 요리해 보세요.

전날 준비

1 쥬키니, 가지, 토마토는
0.5cm 두께의 모양대로 썬다.

2 내열용기에 녹인 버터를 바르고,
쥬키니, 가지, 토마토를
순서대로 번갈아가며 담는다.
랩이나 뚜껑으로 덮어 냉장
보관한다.

당일 준비

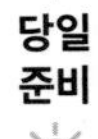

3 ②의 위에 올리브유, 소금,
후춧가루를 골고루 뿌리고
슈레드 피자 치즈를
올린다. 180°C로 예열한
오븐(에어프라이어)에서
25분간 구운 후 그라나 파다노
치즈 간 것을 뿌린다.

가을

도시락

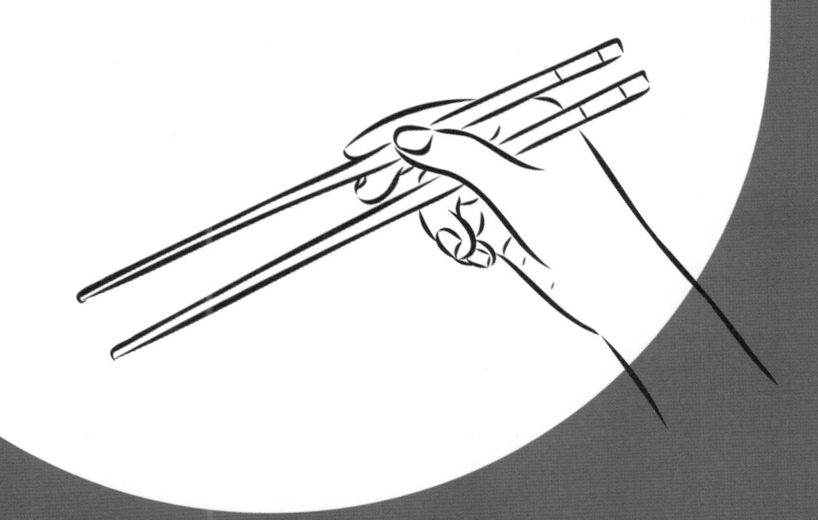

* 기온이 내려간다고 해도 방심은 금물이에요. 준비한 도시락은 먹기 전까지 서늘한 곳에 보관하고 정해진 시간 내에 섭취하세요. 달걀말이, 김밥 등을 준비할 때는 밥이나 재료를 충분히 익히고 식힌 후 조리하고, 도시락 먹기 전에 변질 여부를 확인해 보는 것도 필요합니다. 손으로 집는 샌드위치 등의 메뉴는 반드시 손을 씻고, 미리 손세정제나 물티슈 등을 함께 준비하는 것도 좋아요.

* 환절기에는 급격한 기온차로 호흡기 질환에 걸리기 쉽고, 면역력과 신체기능이 일반인들보다 떨어집니다. 특히 몸이 안 좋은 날에는 혈당 관리가 어려울 수 있으니 자주 혈당을 체크해야 합니다. 또한 여름 더위로 잃었던 식욕이 돌아올 수 있으므로 식단 조절에도 더욱 신경쓰세요.

이 책의 식단과 도시락 칼로리 기준

모든 식단은 육체활동이 보통인 남성 한끼(하루 총 칼로리 2000~2100kcal의 1/3 정도)를 기준으로 합니다. 여성(하루 총 칼로리 1800kcal 정도)이나 에너지 필요량이 이보다 적을 경우, 밥이나 빵 등 탄수화물 재료의 분량을 줄이세요. 식전 샐러드와 반찬, 국물 등은 단백질 재료나 채소 등으로 구성되니 그대로 먹어도 괜찮습니다.

* 302~305쪽을 참고해 나만의 식단을 재구성해도 됩니다.

도시락에 활용하기 좋은
가을 제철 재료 리스트

- ○ 부추
- ○ 토란
- ○ 매생이
- ○ 소송채
- ○ 감자
- ○ 버섯
- ○ 연근
- ○ 토란대
- ○ 양배추
- ○ 홍합
- ○ 고등어
- ○ 꽁치

가을 1주차

반찬데이

미리 만들어두었다가 일주일간 활용할 수 있는
계절 반찬을 소개합니다.

브로콜리 두부무침
175쪽

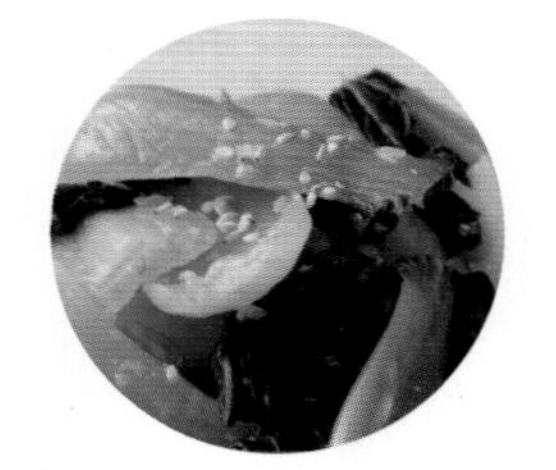

청경채나물
176쪽

진미채무침
176쪽

미역 오이초무침
177쪽

브로콜리 두부무침

6인분 / 30분

- 브로콜리 150g
- 두부 1/2모(150g)
- 국간장 1/2큰술
- 다진 마늘 1작은술
- 참기름 1작은술
- 통깨 간 것 1큰술

1 브로콜리는 한입 크기로 썬다.

2 끓는 물(4컵)에 소금(1큰술), 브로콜리를 넣어 30초간 데친 후 찬물에 헹군 후 체에 밭쳐 물기를 뺀다.

3 끓는 물(4컵)에 소금(1큰술), 두부를 넣고 3분간 데친 후 면포에 싸서 물기를 꽉 짠다.

4 볼에 브로콜리, 두부, 국간장, 다진 마늘을 넣고 골고루 버무린다. 통깨 간 것, 참기름을 넣어 한 번 더 버무린다.

청경채나물

4인분 / 20분

- 청경채 200g(또는 소송채)
- 다진 파 1큰술
- 다진 마늘 1작은술
- 멸치액젓 1/2큰술(또는 국간장 1큰술)
- 참기름 1작은술
- 통깨 약간

1 청경채는 5cm 길이로 썬다.

2 끓는 물(5컵)에 소금(1큰술), 청경채 줄기 부분을 넣고 20초, 잎 부분을 넣고 20초 더 데친다. 체에 밭쳐 찬물에 헹구고 손으로 물기를 꽉 짠다.

3 큰 볼에 데친 청경채를 넣고 다진 파, 다진 마늘, 멸치액젓을 넣어 골고루 버무린 후 참기름, 통깨를 뿌려 한 번 더 버무린다.

진미채무침

8인분 / 30분

- 진미채 150g
- 마요네즈 1큰술
- 아보카도유 1큰술
- 참기름 1작은술
- 통깨 약간

양념

- 물 1큰술
- 저당 고추장 1큰술
- 알룰로스 1큰술
- 다진 마늘 1작은술
- 머스터드 1작은술
- 양조간장 1작은술

1 진미채는 미지근한 물에 헹군 후 체에 밭쳐 물기를 제거해 5cm 길이로 자른다.

2 볼에 진미채, 마요네즈를 넣어 버무린다.

3 다른 볼에 양념 재료를 넣고 섞는다.

4 달군 팬에 아보카도유를 두르고 양념을 넣어 중약 불에서 끓인다.

5 끓어오르면 진미채를 넣어 빠르게 섞는다. 불을 끄고 참기름, 통깨를 넣어 버무린다.

미역 오이초무침

6인분 / 15분(+ 미역 불리기 20분)

- 말린 미역 10g
- 오이 1/2개(100g)
- 양파 1/4개(50g)
- 양조간장 1큰술
- 참치액 1/2큰술
- 알룰로스 2큰술
- 식초 2큰술
- 통깨 약간

1 말린 미역은 물(4컵)에 담가 20분간 불린다. 체에 밭쳐 물기를 빼고 5cm 길이로 썬다.

2 오이는 길게 2등분해 씨 부분을 파내고 길게 어슷 썬다. 양파는 가늘게 채 썬다.

3 볼에 미역, 오이, 양파, 양조간장, 참치액, 알룰로스, 식초를 넣어 버무린 후 통깨를 뿌린다.

가을 1주차 백반 세트 ①

부추무침과 돼지고기수육 + 쇠고기 토란국

도시락

식전 샐러드

① 샐러드 채소 + 드레싱 ········· 24쪽

밥과 국(미리 준비하면 편해요!)

② 현미 보리밥 ········· 26쪽

③ 쇠고기 토란국 ········· 180쪽

반찬(반찬데이에 한꺼번에 만들어요!)

④ 브로콜리 두부무침 ········· 175쪽

⑤ 진미채무침 ········· 176쪽

바로 만드는 반찬(전날 준비해 아침에 만들어도 좋아요!)

⑥ 부추무침과 돼지고기수육 ········· 181쪽

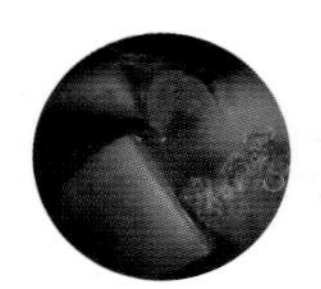

쇠고기 토란국

토란은 가을이 제철인
식품으로, 혈당지수는 48로
중간 정도이지만 당부하지수는
8로 낮은 편이에요.
식이섬유가 풍부하고
저항성 전분이 들어있어
혈당을 서서히 올립니다.

4인분 / 30분

- 토란 150g
- 쇠고기 국거리 100g
- 대파 15cm
- 참기름 1큰술
- 국간장 1/2큰술
- 참치액 1/2큰술
- 다진 마늘 1큰술
- 후춧가루 약간

멸치 다시마 국물

- 국물용 멸치 10마리
- 다시마 5×5cm 1장
- 물 4컵(800㎖)

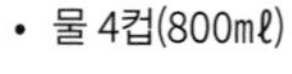

전날 준비

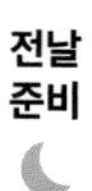

1 냄비에 멸치 다시마 국물 재료를 넣고 센 불에서 끓인다. 끓어오르면 다시마는 건지고 중간 불로 줄여 10분간 더 끓인 후 국물용 멸치를 건진다.

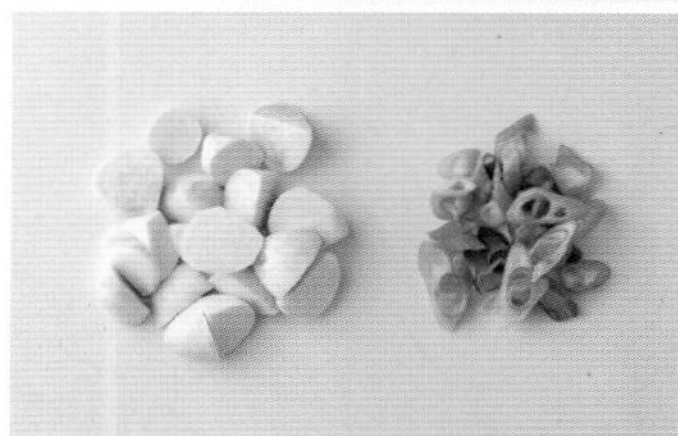

2 토란은 껍질을 벗기고 한입 크기로 썰고, 대파는 어슷 썬다.
* 토란은 장갑을 끼고 손질해야 해요. 손에 닿으면 간지럽거나 두드러기가 생길 수 있어요.

3 끓는 물(5컵)에 소금(1작은술), 토란을 넣고 5분간 데친 후 체에 밭쳐 찬물에 헹궈 물기를 제거한다.

4 쇠고기는 키친타월에 올려 핏물을 제거한다.

5 달군 냄비에 참기름을 두르고 쇠고기를 넣어 겉면이 노릇해질 때까지 센 불에서 1분간 볶는다.

6 멸치 다시마 국물을 부어 센 불에서 끓인다. 끓어오르면 토란을 넣고 중약 불로 줄여 국간장, 참치액을 넣고 5분간 끓인 후 다진 마늘, 대파, 후춧가루를 넣는다.

부추무침과 돼지고기수육

돼지고기 수육은 좋은 단백질과 비타민 B_1의 공급원이면서 지방 섭취는 줄일 수 있어 당뇨인에게 좋은 메뉴예요. 돼지고기와 궁합이 좋은 부추의 황화알릴성분은 비타민 B_1 성분의 흡수를 도와 피로회복에 도움을 줍니다.

3인분 / 전날 60분, 당일 5분

- 돼지고기 앞다리 수육용 500g
- 부추 60g
- 양파 1/4개(50g)

수육 데침용
- 양파 1/2개(100g)
- 대파 흰 부분 15cm
- 생강 1톨(5g)
- 마늘 10개
- 계피 1쪽
- 통후추 10개
- 물 5컵(1ℓ)
- 청주 1/2컵(100㎖)
- 된장 2큰술

부추 양념
- 다진 마늘 1작은술
- 고춧가루 1/2큰술
- 멸치액젓 1작은술
- 식초 1작은술
- 알룰로스 1작은술
- 통깨 약간

Tip

아침에 시간이 부족하다면?
시간이 오래 걸리는 메뉴이므로 미리 준비하세요. 아침에는 한 번 먹을 분량인 100~150g 정도만 조리하면 시간을 절약할 수 있어요.

전날 준비

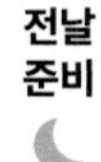

1 돼지고기는 찬물에 담가 20분 정도 핏물을 제거한다.

2 냄비에 수육 데침용 재료와 돼지고기를 넣어 센 불에서 20분간 끓이고, 중약 불로 줄여 20분간 더 끓인다.
* 젓가락으로 찔러보아 핏물이 나오지 않으면 다 익은 것이에요.

3 돼지고기를 건져내 한김 식힌 후 먹기 좋은 크기로 썬다.

4 부추는 3~4cm 길이로 썰고, 양파는 얇게 채 썬다. 준비한 재료는 냉장 보관한다.

당일 준비

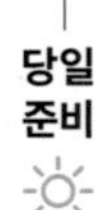

5 볼에 부추 양념 재료를 모두 넣어 골고루 섞은 후 부추, 양파를 넣어 버무린다. 통깨를 뿌린다.

가을
1주차
백반 세트 ②

꽁치 데리야키조림
+
매생이 굴국

도시락

식전 샐러드

밥과 국(미리 준비하면 편해요!)

반찬(반찬데이에 한꺼번에 만들어요!)

바로 만드는 반찬(전날 준비해 아침에 만들어도 좋아요!)

매생이 굴국

부드럽게 호로록 넘어가는
매생이는 식이섬유가
풍부하고, 특유의 바다 맛을
간직한 굴은 고단백 식품이죠.
이 재료들로 끓여낸 국물은
진한 맛과 풍미가 일품입니다.

3인분 / 25분

- 매생이 150g
  (또는 건 매생이 6g)
- 굴 100g
- 국간장 1/2큰술
- 다진 마늘 1작은술

멸치 다시마 국물

- 국물용 멸치 10마리
- 다시마 5×5cm 1장
- 물 2컵(400㎖)

당일 준비

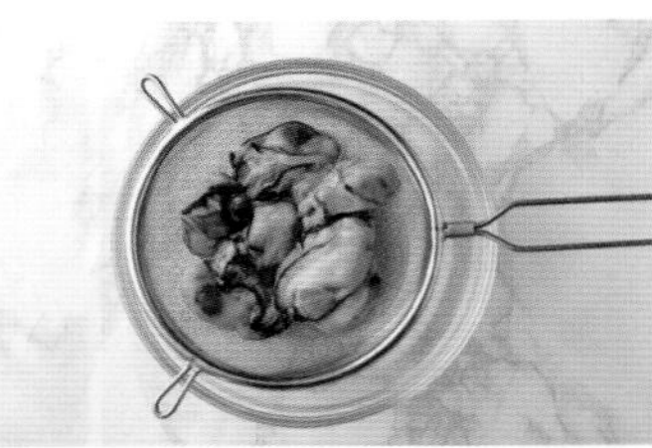

1 매생이는 체에 밭쳐 물에 담가 살살 흔들어 씻고 물기를 뺀다. 굴은 체에 밭쳐 물(3컵), 소금(1작은술)이 담긴 볼에서 살살 흔들어 씻은 후 물기를 뺀다.

2 냄비에 멸치 다시마 국물 재료를 넣고 센 불에서 끓인다. 끓어오르면 다시마는 건지고 중간 불로 줄여 10분간 더 끓인 후 국물용 멸치를 건진다.

3 ②의 국물에 굴을 넣어 센 불에서 3분간 끓인다.

4 매생이, 국간장, 다진 마늘을 넣고 5분간 더 끓인다.
* 너무 오래 끓이면 매생이가 풀어져요. 바르르 끓어오르면 바로 불을 끕니다.

꽁치 데리야키조림

혈당지수가 낮은 꽁치는 오메가 3 지방산이 풍부하여 염증을 줄이는데 도움을 줍니다. 꽁치조림으로 건강도 챙기면서 입맛도 돋워보세요.

2인분 / 전날 20분, 당일 15분

- 꽁치 2마리
  (240g, 또는 통조림 꽁치)
- 꽈리고추 6개
- 마늘 2개
- 홍고추 1/2개
- 청주 2큰술
- 소금 1작은술
- 후춧가루 약간
- 아보카도유 2큰술

양념

- 물 1큰술
- 양조간장 1큰술
- 알룰로스 1큰술
- 생강술 1큰술

전날 준비

1 꽁치는 머리와 꼬리를 제거하고 3등분한다. 청주를 뿌리고 소금, 후춧가루로 밑간한다.
* 꽁치캔을 사용할 경우 체에 밭쳐 물기를 빼고 밑간은 생략해요.

2 꽈리고추는 꼭지를 떼고 포크로 찔러 구멍을 낸다.

3 꽈리고추는 크기가 큰 것은 어슷하게 2등분한다. 마늘은 얇게 편 썰고, 홍고추는 어슷 썬다.

4 볼에 양념 재료를 넣고 섞는다. 준비한 재료는 냉장 보관한다.

당일 준비

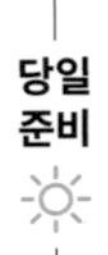

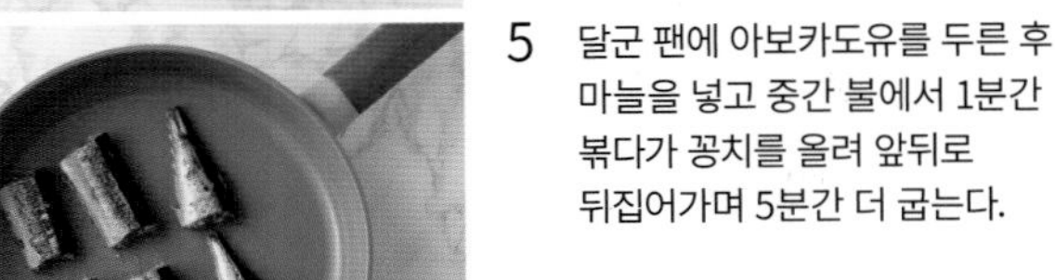

5 달군 팬에 아보카도유를 두른 후 마늘을 넣고 중간 불에서 1분간 볶다가 꽁치를 올려 앞뒤로 뒤집어가며 5분간 더 굽는다.

6 꽈리고추를 넣고 양념을 조금씩 끼얹으면서 중간 불에서 1분간 앞뒤로 굽는다.
* 양념을 끼얹으면 타기 쉬우므로 불 세기를 조절하면서 짧게 익혀요.

가을 1주차 별미밥 세트 ①

식전 샐러드

① 샐러드 채소 + 드레싱 ······ 24쪽

밥과 국(미리 준비하면 편해요!)

② 새우 카레덮밥 ······ 187쪽

③ 미소 된장국 ······ 33쪽

새우 카레덮밥 도시락

혈당 관리에 좋은
치아씨드를 활용해서
전분 없이 걸쭉한 카레를
만들어 보세요. 치아씨드는
식이섬유가 풍부해서
혈당관리를 도와줍니다.

2인분 / 전날 15분, 당일 30분

- 현미밥 2공기(360g)
- 냉동 생새우살 70g
- 브로콜리 40g
- 노랑 파프리카 30g
- 주황 파프리카 30g
- 다진 양파 1/4개분(50g)
- 치아씨드 3큰술
- 물 1컵(200㎖)
- 무가당 요거트 1큰술
- 아보카도유 2큰술
- 치킨스톡(가루나 액상) 2작은술
- 강황가루 1작은술
- 큐민씨드 가루 1작은술

Tip

시판 카레를 사용한다면 원재료명과
영양성분표를 확인하세요.
카레를 걸쭉하게 하기 위한 전분 성분이
혈당을 빠르게 올릴 수 있어요.

전날 준비

1 볼에 치아씨드, 물(1컵)을 넣어
불린다.

2 파프리카는 사방 2cm 크기로 썰고,
브로콜리는 한입 크기로 썰어
끓는 물에 넣어 1분간 데친다.
냉동 생새우살은 해동한다.
준비한 재료는 냉장 보관한다.

당일 준비

3 달군 팬에 아보카도유(1큰술)를
두르고 파프리카, 브로콜리를 넣어
센 불에서 2분간 볶는다.

4 믹서에 불린 치아씨드를 넣어
곱게 간다.

5 달군 냄비에 아보카도유(1큰술)를
두르고 다진 양파를 넣어 갈색이
될 때까지 센 불에서 3분간 볶는다.
물(1컵), 치킨스톡을 넣고
중간 불에서 5분간 끓인다.

6 강황가루, 큐민씨드 가루를 넣어
2분, 무가당 요거트, 치아씨드
간 것을 넣고 3분간 더 끓인다.
생새우살을 넣고 2분간 끓이다가
③을 넣는다. 현미밥에 곁들인다.

가을
1주차
별미밥 세트 ②

두부쌈장 케일 & 깻잎쌈밥 + 저당 오징어볶음

도시락

식전 샐러드

밥과 국(미리 준비하면 편해요!)

바로 만드는 반찬(전날 준비해 아침에 만들어도 좋아요!)

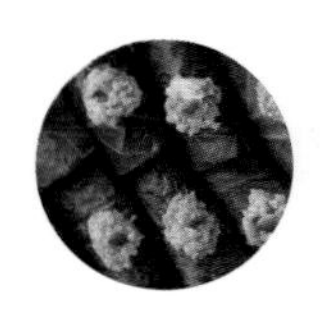

두부쌈장 케일 & 깻잎쌈밥

쌈채소인 케일과 깻잎은
칼로리가 낮고 풍부한
영양소를 가지고 있어요.
혈당 관리를 위해 두부를
넣은 쌈장과 함께 먹어요.

1인분 / 전날 30분, 당일 25분

- 현미밥 1공기(180g)
- 케일 6장
- 깻잎 6장
- 통깨 1큰술
- 참기름 1작은술

두부쌈장

- 쌈장 1/2큰술
- 두부 1/8모
- 씨앗 12개(해바라기씨 또는 호박씨)
- 다진 파 1작은술
- 다진 마늘 1작은술
- 참기름 1작은술

Tip

모양을 예쁘게 만들고 싶다면?
케일과 깻잎은 손바닥 정도로 커야
쌈을 싸기 좋아요.

전날 준비

1 끓는 물에 케일은 두꺼운 줄기부터 넣어 10초간, 깻잎은 넣었다가 바로 건져 찬물에 헹군다.

2 데친 케일의 두꺼운 줄기 부분은 칼로 살짝 도려낸다.

3 볼에 두부쌈장 재료를 넣어 골고루 섞는다.
준비한 재료는 냉장 보관한다.

당일 준비

4 현미밥에 통깨, 참기름을 넣고 골고루 섞는다.

5 케일과 깻잎에 현미밥을 한숟가락씩 올려 돌돌 말아 쌈을 싼다. 쌈 위에 두부쌈장을 콩알 크기만큼 얹는다.
* 잎 앞면이 바닥으로 가도록 펼치고, 줄기 방향을 세로로 잘 맞춰 말면 예쁘게 쌀 수 있어요.

저당 오징어볶음

오징어는 단백질이 풍부한
고영양 식품입니다.
혈당 관리를 위해
저당 고추장과
대체 감미료로 칼칼하게
볶았습니다.

1인분 / 전날 30분, 당일 15분

- 오징어 1마리(작은 것, 120g)
- 대파 15cm
- 양파 1/4개(50g)
- 당근 1/8개(25g)
- 아보카도유 1큰술
- 통깨 1작은술
- 참기름 1작은술

양념

- 저당 고추장 1/2큰술
- 고춧가루 1/2 큰술
- 청주 1큰술
- 다진 마늘 1작은술
- 알룰로스 1작은술
- 양조간장 1작은술

Tip

모양을 예쁘게 만들고 싶다면?
오징어는 겉껍질을 벗긴 후
안쪽에 칼집을 넣어요.

전날 준비

1 오징어 몸통 안쪽에 촘촘하게
바둑판 모양으로 칼집을 낸다.
* 칼집을 깊게 넣으면
몸통이 잘리므로 주의해요.

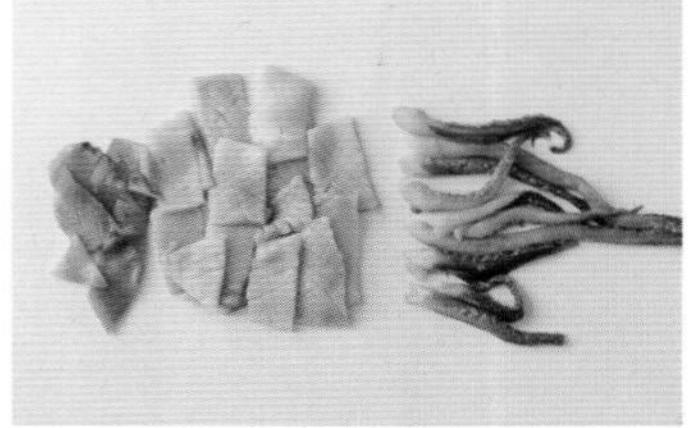

2 몸통을 길게 2등분해 1cm 폭으로
썰고, 다리는 5cm 길이로 썬다.

3 양파는 채 썰고,
당근은 1×5cm 크기,
대파는 어슷 썬다.

4 큰 볼에 양념 재료를 넣고 섞은 후
오징어, 양파, 당근을 넣어 버무린다.
준비한 재료는 냉장 보관한다.

당일 준비

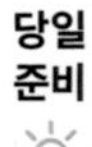

5 달군 팬에 아보카도유를 두르고
오징어, 당근, 양파를 넣고
중간 불에서 2분간 볶은 뒤
대파, 통깨, 참기름을 넣고
센 불로 올려 1분간 더 볶는다.

가을 1주차 별식 세트 ①

식전 샐러드

① 샐러드 채소 + 드레싱 ················ 24쪽

식사(미리 준비하면 편해요!)

② 닭가슴살 코코넛랩 ················ 193쪽

닭가슴살 코코넛랩 도시락

닭가슴살과 채소는
든든한 포만감을 원할 때
좋은 음식입니다.
또띠아 대신 코코넛랩으로
말아서 더욱 건강하게
준비했어요.

1인분 / 전날 30분, 당일 15분

- 코코넛랩 2장
- 닭가슴살 80g
- 양상추 20g
- 로메인 20g
- 노랑 파프리카 20g
- 빨강 파프리카 20g
- 슬라이스 치즈 2장

닭가슴살 삶을 물

- 물 5컵(1ℓ)
- 대파 흰 부분 15cm
- 마늘 3개
- 통후추 10알
- 청주 1큰술
- 월계수 잎 1장

소스

- 올리브유 10g
- 화이트 와인 식초 5g
- 홀그레인 머스터드 5g
- 소금 1/2큰술
- 후춧가루 약간

전날 준비

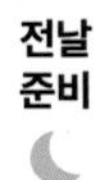

1 닭가슴살은 얇게 2등분한다.
냄비에 닭가슴살 삶을 물(5컵)을
넣어 센 불에서 끓인다.
끓어오르면 닭가슴살과 나머지
재료를 넣어 3분간 삶는다.

2 닭가슴살은 건진 후 한 김 식혀
1cm 폭으로 썬다.

3 파프리카는 0.5cm 두께로 채 썬다.

4 볼에 소스 재료를 넣어 섞는다.
준비한 재료는 냉장 보관한다.

당일 준비

5 코코넛랩을 깔고 슬라이스 치즈
→ 로메인 → 양상추 → 파프리카
→ 닭가슴살 순으로 올리고 소스
1/2분량을 뿌려 돌돌 말아 랩으로
감싼다. 같은 방법으로
한 개 더 만들고 2등분한다.
* 내용물을 많이 넣거나 수분에
오래 노출될 경우 코코넛랩이
찢어질 수 있으니 주의해요.

가을 1주차 별식 세트 ②

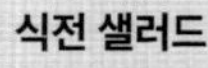

식전 샐러드

① 샐러드 채소 + 드레싱 ······ 24쪽

식사(미리 준비하면 편해요!)

② 연어 파피요트 ······ 195쪽

연어 파피요트 도시락

파피요트는 프랑스어로 '기름종이'라는 뜻으로, 종이포일이나 알루미늄 포일로 싸서 익히고 그 상태로 서빙하는 요리 방식을 말해요. 도시락에는 포일째 담을 수 없으니 연어만 예쁘게 담을 거예요. 오메가 3 지방산이 풍부한 연어로 혈당과 콜레스테롤을 조절해 보세요.

2인분 / 전날 10분, 당일 30분

- 연어 200g
- 감자 1개(200g)
- 양송이버섯 2개
- 방울토마토 50g
- 브로콜리 20g
- 레몬 1/2개
- 마늘 5개
- 버터 20g
- 올리브유 4큰술
- 소금 1/2작은술
- 후춧가루 약간
- 허브가루 약간(파슬리나 오레가노 등)
- 크러쉬드 페퍼 약간

전날 준비

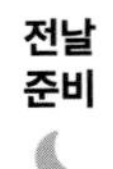

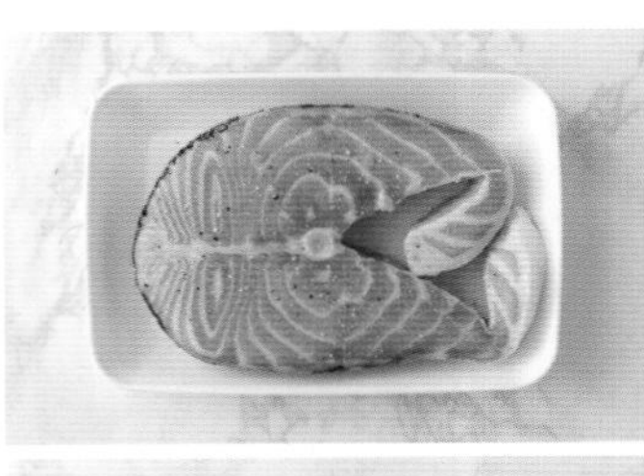

1 연어는 키친타월로 기름기를 닦고 소금, 후춧가루 약간씩을 앞뒤로 뿌린다.

2 감자, 레몬은 0.5cm 두께의 모양대로 썬다. 양송이버섯은 8등분하고, 방울토마토는 2등분한다. 브로콜리는 한입 크기로 썬다. 준비한 재료는 냉장 보관한다.

당일 준비

3 종이포일을 아코디언 형태로 접어서 양쪽 끝을 묶고 가운데 부분을 쫙 펴서 배 모양으로 만든다.

4 종이포일 안에 올리브유를 골고루 뿌리고 감자를 깐 후 소금(1/2작은술), 후춧가루를 뿌린다. 연어, 양송이버섯, 방울토마토, 브로콜리, 레몬, 마늘, 버터를 올린다. 허브가루, 크러쉬드 페퍼를 뿌리고 200°C로 예열한 오븐(에어프라이어)에서 25분간 굽는다.

* 재료를 많이 넣을수록, 두껍게 썰수록 익히는데 시간이 오래 걸려요. 도시락 싸는 시간이 부족하다면 양과 두께를 조절하세요.

가을 2주차 반찬데이

미리 만들어두었다가 일주일간 활용할 수 있는
계절 반찬을 소개합니다.

토란대나물
197쪽

감자 당근채볶음
198쪽

섬초 겉절이
198쪽

연근조림
199쪽

토란대나물

6인분 / 40분(+ 불리기 30분)

- 말린 토란대 30g(삶은 후 300g)
- 아보카도유 1큰술
- 다진 마늘 1큰술
- 다진 파 1큰술
- 국간장 1큰술
- 참치액 1/2큰술
- 물 1/4컵(50㎖)
- 들깨가루 1큰술
- 들기름 1큰술

1 말린 토란대는 물에 담가 2~3회 씻어 아린 맛을 제거한 후 물에 담가 30분 정도 불린다. 체에 밭쳐 물기를 빼고 다시 물에 담가 2~3회 헹군다.

2 불린 토란은 물기를 꾹 짜고 5cm 길이로 썬다.

3 끓는 물(5컵)에 굵은 소금(1큰술), 토란대를 넣어 중간 불에서 15분간 삶는다. 불을 끄고 10분간 뜸을 들인다. 찬물로 헹궈 체에 밭쳐 물기를 뺀다.

4 달군 팬에 아보카도유를 두르고 삶은 토란대, 다진 마늘, 다진 파, 국간장, 참치액을 넣고 5분간 센 불에서 볶은 후 중약 불로 줄인다.

5 물(1/4컵), 들깨가루를 넣어 3분간 더 볶은 후 들기름을 두르고 불을 끈다.

감자 당근채볶음

6인분 / 30분

- 감자 1개(180g)
- 당근 1/4개(50g)
- 양파 1/4개(50g)
- 아보카도유 2큰술
- 소금 1작은술
- 통깨 약간

1. 감자는 가늘게 채 썰어 찬물에 담가둔다.
   감자의 전분이 분리된 물은 버리고,
   감자는 체에 밭쳐 물기를 뺀다.
2. 당근, 양파는 감자와 같은 크기로 채 썬다.
3. 달군 팬에 아보카도유를 두르고
   당근, 양파를 넣어 센 불에서 2분간 볶는다.
4. 감자를 넣고 5분간 더 볶은 후
   소금으로 간을 하고 통깨를 뿌린다.

섬초 겉절이

6인분 / 20분

- 섬초 200g(또는 시금치, 포항초, 남해초)
- 참기름 1/2큰술
- 통깨 약간

양념
- 다진 마늘 1/2큰술
- 다진 파 1/2큰술
- 고춧가루 1큰술
- 멸치액젓 1/2큰술(또는 참치액)

1. 섬초 뿌리에 열십(+)자 칼집을 넣어
   한입 크기로 찢는다.
2. 큰 볼에 양념 재료를 넣어 섞은 후
   섬초를 넣고 골고루 무친다.
3. 참기름을 두르고 통깨를 뿌린다.

연근조림

8인분 / 30분

- 연근 300g
- 알룰로스 1과 1/2큰술
- 참기름 1/2큰술
- 검은깨 약간(또는 통깨)

양념
- 양조간장 3큰술
- 맛술 3큰술
- 물 1/2컵(100㎖)

1 연근은 0.7cm 두께의 모양대로 썬다.

2 끓는 물(5컵)에 식초(2큰술), 연근을 넣어 3분간 삶는다.
연근을 체에 밭쳐 찬물에 헹구고, 물기를 뺀다.

3 냄비에 양념 재료를 넣고 센 불에서 끓인다.
끓어오르면 연근을 넣고 중약 불로 불을 줄여 뚜껑을 덮고 10분간 더 졸인다.
중간에 뚜껑을 열어 골고루 양념이 묻도록 뒤집는다.

4 불을 끄고 알룰로스, 참기름을 넣어 섞고 검은깨를 뿌린다.

가을 2주차 백반 세트 ①

LA 갈비구이
+
오징어 콩나물국

도시락

식전 샐러드

밥과 국(미리 준비하면 편해요!)

반찬(반찬데이에 한꺼번에 만들어요!)

바로 만드는 반찬(전날 준비해 아침에 만들어도 좋아요!)

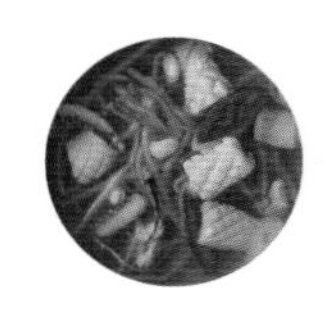

오징어 콩나물국

오징어는 혈당지수가
낮아 혈당을 안정시켜요.
또한 타우린이 많이 들어있어
면역력을 키워주고
인슐린 분비를 활성화시켜
당뇨를 예방할 수 있습니다.
오징어의 감칠맛과
콩나물의 아삭함으로
즐거운 식사 시간을
만들어보세요.

3인분 / 30분

- 오징어 1/2마리(150g)
- 콩나물 3줌(150g)
- 대파 흰 부분 15cm
- 청고추 1/2개
- 홍고추 1/2개
- 새우젓 1/2큰술
- 국간장 1/2큰술
- 다진 마늘 2작은술
- 후춧가루 약간

멸치 다시마국물

- 국물용 멸치 10마리
- 다시마 5×5cm 1장
- 물 4컵(800㎖)

Tip

매콤하게 만들려면?
고춧가루를 추가하면 칼칼하고
매콤한 오징어 콩나물국이 됩니다.

전날 준비

1 대파와 청고추, 홍고추는 어슷 썬다.

2 오징어 몸통은 껍질을 벗기고 안쪽에 0.2cm 간격으로 칼집을 넣는다. 몸통은 2.5×3cm 크기로 썰고, 다리는 3cm 길이로 썬다.
* 껍질을 안 벗기면 국물이 붉어져요.

3 냄비에 멸치 다시마 국물 재료를 넣고 센 불에서 끓인다. 끓어오르면 다시마는 건지고, 중간 불로 줄여 10분간 더 끓이고 국물용 멸치를 건진다.

4 ③의 국물에 콩나물, 새우젓, 국간장, 다진 마늘, 후춧가루를 넣어 뚜껑을 열고 센 불에서 끓인다.

5 국물이 끓어오르면 오징어를 넣고 3분간 끓인 후 중약 불로 줄여 대파, 청고추, 홍고추를 넣어 1분간 더 끓인다.
* 너무 오래 익히면 오징어는 질겨지고, 콩나물은 물러질 수 있어요.

LA 갈비구이

LA갈비는 대용량으로 구입해서 양념한 후 1회 분량씩 소분해 넣어두었다가 필요할 때 조리해 먹으면 편해요. 시판 양념을 사용하기 보다는 직접 만든 건강한 양념으로 재워보세요.

4인분 / 전날 30분, 당일 10분

- 쇠고기 LA 갈비 1kg

양념

- 양파 1/2개(100g)
- 배 1/5개(100g)
- 물 1/2컵(100mℓ)
- 양조간장 1/2컵(100mℓ)
- 청주 3큰술
- 알룰로스 3큰술
- 다진 마늘 2큰술
- 참기름 1큰술
- 후춧가루 약간

Tip

건강한 양념을 만들려면?

갈비 양념에 연육을 위해 키위, 파인애플, 배 등을 넣거나 단맛을 위해 콜라, 사이다를 넣기도 해요. 이는 혈당 상승의 원인이 되니 최소한의 과일과 대체 감미료로 양념하세요.

전날 준비

1 볼에 LA갈비, 잠길 정도의 물을 넣고 30분간 담가 핏물을 제거한다. 중간중간에 물을 갈아준다.
* 설탕 1큰술을 넣으면 핏물을 좀 더 빨리 제거할 수 있어요.

2 믹서에 양념 재료를 모두 넣고 곱게 간다.
* 믹서가 없다면 재료를 잘게 다져서 사용해요.

3 핏물을 뺀 LA갈비는 흐르는 물에 한 번 더 씻어 뼛조각, 이물질을 제거한 후 물기를 빼고 ②의 양념에 넣어 재운다. 준비한 재료는 냉장 보관한다.

당일 준비

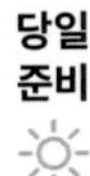

4 달군 팬에 도시락에 담을 200g 정도의 LA갈비만 올려 중약 불에서 5분간 익히고 뒤집어 3분간 더 익힌다.
* 타지 않도록 주의하고 뒤집어가며 충분히 익혀요. 양념이 자작해야 타지 않아요.

가을
2주차
백반 세트 ②

한입 고등어구이
+
홍합 미역국

도시락

식전 샐러드

① 샐러드 채소 + 드레싱 ········· 24쪽

밥과 국(미리 준비하면 편해요!)

② 현미 귀리밥 ········· 26쪽
③ 홍합 미역국 ········· 206쪽

반찬(반찬데이에 한꺼번에 만들어요!)

④ 연근조림 ········· 199쪽
⑤ 섬초 겉절이 ········· 198쪽

바로 만드는 반찬(전날 준비해 아침에 만들어도 좋아요!)

⑥ 한입 고등어구이 ········· 207쪽

홍합 미역국

홍합은 열량과 지방은 적고,
단백질이 많이 들어있습니다.
식이섬유가 풍부한 미역을
만나면 맛도 풍성해지고
혈당 조절에도 도움을 줍니다.
부드럽고 고소한 홍합 미역국을
즐겨보세요.

4인분 / 30분

- 홍합살 200g
- 말린 미역 10g
- 참기름 1큰술
- 다진 마늘 1큰술
- 물 4컵(800㎖)
- 청주 2큰술
- 국간장 1/2큰술
- 참치액 1작은술

전날 준비

1 말린 미역은 찬물에 30분 정도 불린 뒤 흔들어 헹구고, 체에 밭쳐 먹기 좋은 크기로 자른다.

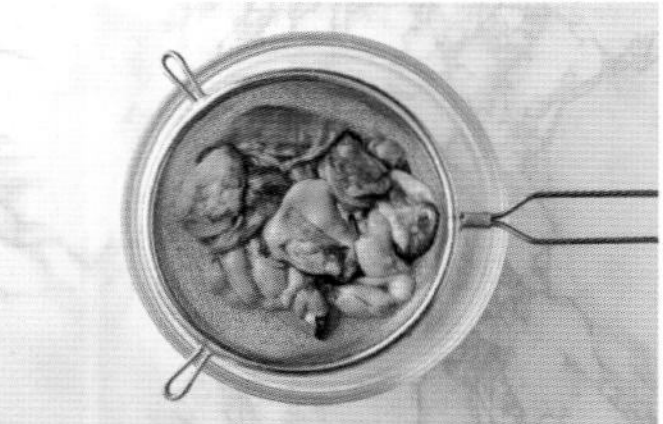

2 홍합살은 체에 밭쳐 흐르는 물에 가볍게 헹군다.

3 달군 냄비에 참기름을 두르고 홍합살, 다진 마늘, 청주를 넣어 중간 불에서 1분간 볶는다. 불린 미역을 넣어 3분간 더 볶는다.

4 물(4컵)을 넣고 센 불로 올려 5분간 끓인다. 미역이 퍼지면 국간장, 참치액을 넣고 중간 불에서 2분간 더 끓인다.

한입 고등어구이

고등어를 갓 구워
따뜻한 밥에 올려 먹으면
밥 한공기 금방 뚝딱하게 되죠?
고등어에 풍부한
오메가 3 지방산은 몸속에
염증이 생기는 것을 막아
당뇨병 합병증 예방에 도움을
줍니다. 도톰한 속살의
고등어를 한입 크기로 잘라
구워보세요.

1인분 / 전날 5분, 당일 20분

- 고등어 순살 100g
  (또는 고등어 구이용)

Tip

고등어를 깔끔하게 굽고 싶다면?
고등어가 살짝 해동된 상태에서 잘라야 해요. 고등어가 많이 녹은 상태에서 한입으로 자르면 살이 뭉개질 수 있어요. 고등어를 구운 후 한입 크기로 잘라도 역시 부서지기 쉬워요.

전날 준비

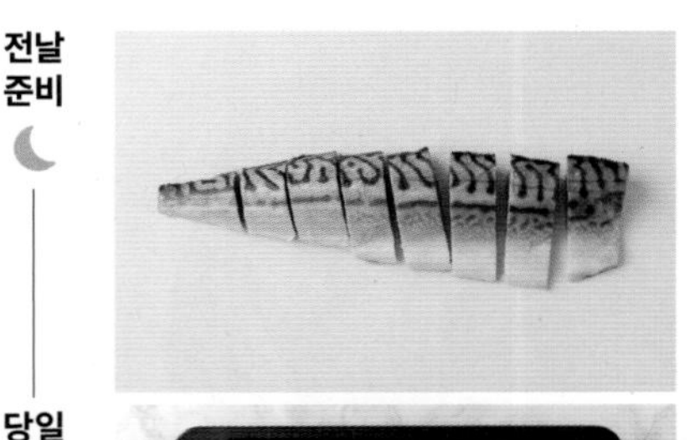

1 고등어를 흐르는 물에 깨끗이 씻고 키친타월로 눌러 물기를 최대한 없앤 후 3cm 두께로 썬다. 준비한 재료는 냉장 보관한다.
* 익으면서 줄어들기 때문에 너무 작게 자르지 않도록 주의해요.

당일 준비

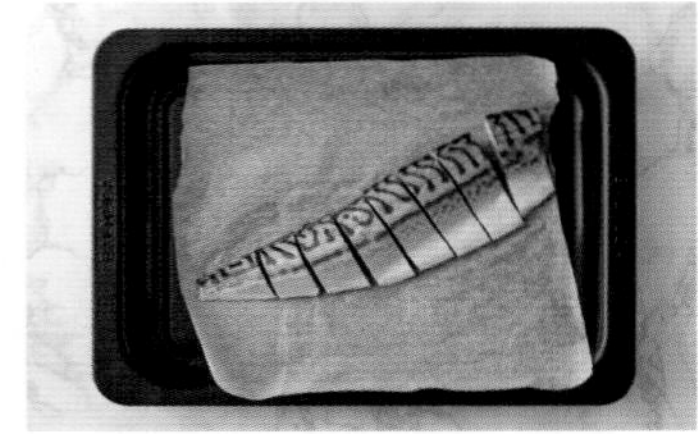

2 200°C로 예열한 오븐(에어프라이어)에 고등어 살 부분이 밑으로 가도록 놓고 18분간 굽는다. 중간에 굽기 상태를 확인하고 뒤집어 굽는다.
* 팬으로 굽는다면 달군 팬에 아보카도유 1큰술을 두른 후 고등어의 살 부분이 밑으로 가도록 올려 중간 불에서 3분, 밑면이 노릇해지면 뒤집어 3분간 더 구워요.

가을
2주차
별미밥 세트 ①

1

3

2

식전 샐러드

① 샐러드 채소 + 드레싱 ········ 24쪽

밥과 국(미리 준비하면 편해요!)

② 양배추 당근 달걀덮밥 ········ 209쪽
③ 미소 된장국 ········ 33쪽

양배추 당근 달걀덮밥 도시락

식이섬유가 풍부한 양배추,
당근은 혈당 관리에 좋아요.
고단백 식품인 달걀을 더해
덮밥을 만들어보세요.
늘 사용하던 재료를
새로운 방식으로 요리했을 때,
재료들의 매력에 푹 빠질 수
있어요.

1인분 / 전날 30분, 당일 15분

- 현미밥 1공기(180g)
- 양배추 50g
- 양파 1/4개(50g)
- 당근 1/5개(40g)
- 달걀 1개
- 쪽파 2줄기(20g)
- 소금 1작은술
- 맛술 1작은술
- 후춧가루 약간
- 아보카도유 1큰술

전날 준비

1 양배추, 당근, 양파는 가늘게 채 썬다. 쪽파는 4cm 길이로 썬다.

2 볼에 양배추, 당근, 양파, 쪽파, 소금(1작은술), 후춧가루를 넣어 골고루 섞는다. 준비한 재료는 냉장 보관한다.

당일 준비

3 볼에 달걀, 맛술, 소금(약간), 후춧가루를 넣어 잘 섞는다.

4 달군 팬에 아보카도유를 두르고 당근, 양파, 양배추를 넣어 중간 불에서 2분간 볶는다.
* 양배추와 당근을 볶을 때 너무 많이 익히면 식감이 떨어질 수 있으니 주의해요.

5 ④의 채소 위에 달걀물을 원을 그리며 붓는다. 중약 불로 줄여 뚜껑을 덮고 1분간 익힌 후 현미밥에 곁들인다.

가을 2주차 별미밥 세트 ②

식전 샐러드

① 샐러드 채소 + 드레싱 ······ 24쪽

밥과 국(미리 준비하면 편해요!)

② 쇠고기 가지볶음 덮밥 ······ 211쪽

③ 미역국 ······ 33쪽

쇠고기 가지볶음 덮밥 도시락

어떤 요리와도 찰떡궁합인
가지는 열량이 낮고
식이섬유, 수분이 풍부하여
혈당을 천천히 올립니다.
가지를 싫어하는 사람도
맛있게 즐길 수 있도록
쇠고기와 함께 볶아 맛있는
덮밥을 만들어보세요.

2인분 / 전날 20분, 당일 20분

- 현미밥 2공기(360g)
- 쇠고기 불고기용 200g
- 가지 1/2개(100g)
- 양파 1/4개(50g)
- 아보카도유 2큰술
- 통깨 1작은술

양념

- 양조간장 2큰술
- 청주 1큰술
- 알룰로스 1작은술
- 다진 마늘 1작은술
- 다진 파 1작은술
- 참기름 1작은술
- 후춧가루 약간

전날 준비

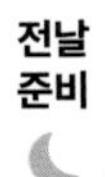

1 쇠고기는 키친타월로 눌러 핏물을 제거한다.

2 가지는 길게 2등분해 0.5cm 두께로 썬다. 양파는 0.5cm 두께로 채 썬다.

3 큰 볼에 쇠고기, 양파, 양념 재료를 넣고 버무린다. 준비한 재료는 냉장 보관한다.

당일 준비

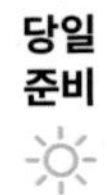

4 달군 팬에 아보카도유를 두르고 ③을 넣어 센 불에서 3분간 볶는다. 가지를 넣고 3분간 더 볶는다.
* 가지를 너무 익히면 물러져요.

5 통깨를 뿌리고 현미밥에 곁들인다.

가을 2주차 별식 세트 ①

식전 샐러드

① 샐러드 채소 + 드레싱 ······ 24쪽

식사(미리 준비하면 편해요!)

② 불고기 퀘사디아 ······ 213쪽

불고기 퀘사디아 도시락

또띠아에 재료를 넣고
반으로 접으면 대표적인
멕시코 요리 퀘사디아를 만들 수
있어요. 이번에는 탄수화물을
줄이고, 단백질 함량을 높인
순두부 또띠아를 사용했습니다
순두부 또띠아에 양파,
파프리카, 할라피뇨와 불고기를
넣어 맛있고 속이 든든한
퀘사디아를 완성했어요.

1인분 / 전날 20분, 당일 20분

- 순두부 또띠아 2장(또는 통밀 또띠아)
- 쇠고기 불고기용 150g
- 빨강 파프리카 20g
- 노랑 파프리카 20g
- 양파 1/10개(20g)
- 슈레드 피자 치즈 50g
- 할라피뇨 10g
- 아보카도유 1큰술

토마토소스

- 토마토 1개(200g)
- 올리브유 1큰술
- 레몬즙 1큰술
- 소금 1/2작은술
- 후춧가루 약간

불고기 양념

- 양조간장 3/4큰술
- 알룰로스 1작은술
- 다진 마늘 1작은술
- 참기름 1작은술
- 통깨 약간

전날 준비

1 토마토는 잘게 다진다.
* 토마토는 끓는 물에 한번 데쳐내어 껍질을 벗기고 다지면 더욱 부드러워요.

2 양파, 파프리카는 사방 1cm 크기로 썬다. 볼에 쇠고기, 불고기 양념을 넣고 버무린다.

3 달군 팬에 올리브유를 두르고 다진 토마토, 소금, 레몬즙, 후춧가루를 넣어 중간 불에서 5분간 뭉근하게 익히며 수분을 날려 토마토소스를 만든다. 준비한 재료는 냉장 보관한다.

당일 준비

4 달군 팬에 아보카도유를 두르고 양파, 파프리카를 넣어 센 불에서 2분간 볶는다. 쇠고기를 넣어 3분간 더 볶으며 수분을 날린다.

5 순두부 또띠아 1장에 토마토소스 3큰술을 펴 바른다. ④를 올리고 슈레드 피자 치즈를 뿌린 후 나머지 순두부 또띠아로 덮는다.
* 남은 토마토소스는 냉장 보관해 사용할 수 있어요.

6 기름을 두르지 않고 달군 팬에 ⑤를 올리고 중간 불에서 밑이 노릇해지도록 5분간 구운 후 뒤집어 2분간 더 익힌다. 한 김 식혀 6등분한다.
* 팬 뚜껑을 덮으면 좀 더 빨리 익힐 수 있어요.

식전 샐러드

① 샐러드 채소 + 드레싱 ········· 24쪽

식사(미리 준비하면 편해요!)

② 두유면 팟타이 ········· 215쪽

두유면 팟타이 도시락

팟타이는 태국의 대표 음식 중 하나로, 쌀국수를 베이스로 한 면 요리예요. 혈당을 올릴 수 있는 쌀국수면 대신 두유면을 사용하면 도시락에 담아도 불지 않고 맛있는 태국요리를 즐길 수 있어요.

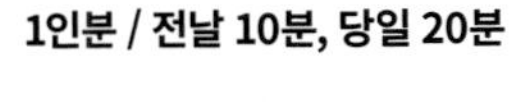

1인분 / 전날 10분, 당일 20분

- 두유면 150g
- 다진 돼지고기 70g
- 냉동 생새우살 5마리(50g, 중간 크기)
- 숙주 50g
- 두절 건새우 4g
- 마늘 3개
- 쪽파 1줄기(10g)
- 아보카도유 1큰술
- 청주 1큰술
- 다진 땅콩 1/2큰술

양념

- 물 1큰술
- 멸치액젓 1큰술
- 저당 굴소스 1/2큰술
- 알룰로스 1작은술

Tip

더 든든하게 즐기고 싶다면?

달걀 1개를 스크램블 해 마지막 과정에서 함께 섞으면 더욱 포만감 높은 두유면 팟타이를 만들 수 있어요.

전날 준비

1 마늘은 얇게 편 썰고, 쪽파는 송송 썬다. 냉동 생새우살을 찬물에 담가 해동한다. 볼에 양념 재료를 넣어 섞는다. 준비한 재료는 냉장 보관한다.

당일 준비

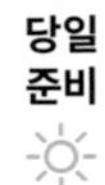

2 달군 팬에 아보카도유를 두르고 마늘, 쪽파 1/2분량, 건새우를 넣고 중간 불에서 2분간 볶는다.

3 생새우살, 다진 돼지고기, 청주를 넣고 센 불로 올려 3분간 볶는다.
* 재료를 재빨리 볶아내야 맛있어요.

4 두유면은 체에 밭쳐 물기를 뺀 후 ③의 팬에 넣고 양념을 부어 센 불에서 1분간 볶는다.

5 숙주를 넣어 2분간 볶은 후 불을 끄고 다진 땅콩, 나머지 쪽파를 뿌린다.

가을 3주차

반찬데이

미리 만들어두었다가 일주일간 활용할 수 있는
계절 반찬을 소개합니다.

애호박 버섯볶음
217쪽

연근 깨소스무침
218쪽

브로콜리 & 초고추장
218쪽

무생채
219쪽

애호박 버섯볶음

6인분 / 20분

- 애호박 1개(240g)
- 양파 1/4개(50g)
- 새송이버섯 1개(80g)
- 홍고추 1/2개
- 다진 마늘 1/2큰술
- 다진 파 1/2큰술
- 아보카도유 2큰술
- 소금 1작은술
- 통깨 약간

1. 애호박은 길게 2등분해 얇게 반달모양으로 썰고, 양파는 한입 크기로 썬다. 새송이버섯은 길게 2등분해 얇게 모양대로 썰고, 홍고추는 어슷 썬다.
2. 달군 팬에 아보카도유를 두르고 다진 마늘, 다진 파를 넣어 센 불에 1분간 볶은 후 애호박, 새송이버섯, 양파 순으로 넣어 3분간 볶는다.
3. 홍고추, 소금, 통깨를 넣어 한 번 더 볶은 후 불을 끈다.

연근 깨소스무침

6인분 / 30분

- 연근 200g(또는 우엉)

양념
- 검은깨 간 것 3큰술
- 알룰로스 1큰술
- 마요네즈 1큰술
- 소금 1/2작은술

1 연근은 껍질을 벗기고 0.5cm 두께로 썬다.

2 끓는 물(8컵)에 식초(2큰술), 연근을 넣고 3분간 데친 후 찬물로 헹구고, 체에 밭쳐 물기를 뺀다.

3 볼에 양념 재료를 넣어 골고루 섞은 후 연근을 넣고 버무린다.

브로콜리 & 초고추장

6인분 / 20분

- 브로콜리 1개(또는 콜리플라워)

초고추장
- 저당 고추장 2큰술
- 알룰로스 1큰술
- 식초 2큰술
- 통깨 약간

1 브로콜리는 한입 크기로 썬다.

2 끓는 물(4컵)에 소금(1/2큰술), 브로콜리를 넣어 30초간 데친다. 찬물에 헹구고 체에 밭쳐 물기를 뺀다.

3 볼에 초고추장 재료를 넣어 섞는다.
* 도시락에 담을 때는 초고추장을 밑에 깔고 위에 브로콜리를 올리거나 따로 곁들여요.

무생채

8인분 / 20분(+ 절이기 10분)

- 무 지름 10cm, 두께 4cm 1토막(400g)
- 소금 1/2큰술
- 참기름 1/2큰술
- 통깨 약간

양념

- 고춧가루 2큰술
- 다진 마늘 1큰술
- 다진 파 1큰술
- 알룰로스 1/2큰술
- 식초 2큰술
- 멸치액젓 1작은술(기호에 따라 가감)

1. 무는 가늘게 채 썬다.
   * 채칼을 이용해도 좋아요.
2. 볼에 무, 소금을 넣어 10분간 절인다.
3. 절인 무는 물기를 짜고, 고춧가루에 버무려 색을 낸다. 나머지 양념 재료를 넣고 골고루 버무린 후 참기름, 통깨를 넣어 한 번 더 버무린다.

가을
3주차
백반 세트 ①

1

2

3

5

양배추 닭갈비
+
미역 된장국

도시락

식전 샐러드

① 샐러드 채소 + 드레싱 ········· 24쪽

밥과 국(미리 준비하면 편해요!)

② 현미 카무트 병아리콩밥 ········· 26쪽
③ 미역 된장국 ········· 222쪽

반찬(반찬데이에 한꺼번에 만들어요!)

④ 연근 깨소스무침 ········· 218쪽
⑤ 무생채 ········· 219쪽

바로 만드는 반찬(전날 준비해 아침에 만들어도 좋아요!)

⑥ 양배추 닭갈비 ········· 223쪽

미역 된장국

미역은 식이섬유가 풍부하며,
미역의 미끈미끈한
점질 성분인 알긴산은
당 흡수를 지연시켜
당뇨인의 혈당조절에 도움을
줍니다. 담백한 된장국에
미역, 두부를 넣어 간단하고
든든한 국을 끓여보세요.

3인분 / 15분

- 말린 미역 5g
- 두부 1/3모(100g)
- 된장 1/2큰술(염도에 따라 가감)
- 다진 마늘 1/2작은술

멸치 다시마 국물

- 국물용 멸치 10마리
- 다시마 5×5cm 1장
- 물 3컵(600㎖)

전날 준비

1 말린 미역은 물에 넣고 10분간 불린다. 물기를 꽉 짜고 체에 밭쳐둔다.

2 두부는 사방 1.5cm크기로 썬다.

3 냄비에 멸치 다시마 국물용 재료를 넣고 센 불에서 끓인다. 끓어오르면 다시마를 건져내고 중간 불로 줄여 10분간 더 끓여 국물용 멸치를 건진다.

4 ③의 국물에 된장을 풀고 불린 미역, 두부, 다진 마늘을 넣어 5분간 더 끓인다.

양배추 닭갈비

껍질을 제거한 닭다리살은
고단백 저지방 식품으로
포만감을 주면서 체중 관리를
하는데 효과적입니다.
자극적인 양념 대신에
저당 양념으로 닭갈비를
만들어요.

4인분 / 전날 15~20분, 당일 20분

- 닭다리살 500g
- 양배추 50g
- 양파 1/4개(50g)
- 깻잎 10장
- 아보카도유 2큰술
- 통깨 약간

양념

- 저당 고추장 1큰술
- 양조간장 1큰술
- 알룰로스 1큰술
- 고춧가루 1큰술
- 다진 마늘 1큰술
- 청주 1큰술
- 후춧가루 약간

Tip

시판 양념을 사용한다면?

시판 양념육이나 양념소스를
이용한다면 설탕, 물엿, 올리고당 등
혈당을 올리는 성분이 함유되어 있는지
원재료를 반드시 확인하세요.

전날 준비

1 양배추는 2cm, 양파는 1cm 폭으로 채 썬다. 깻잎은 돌돌 말아 1cm 폭으로 썬다.

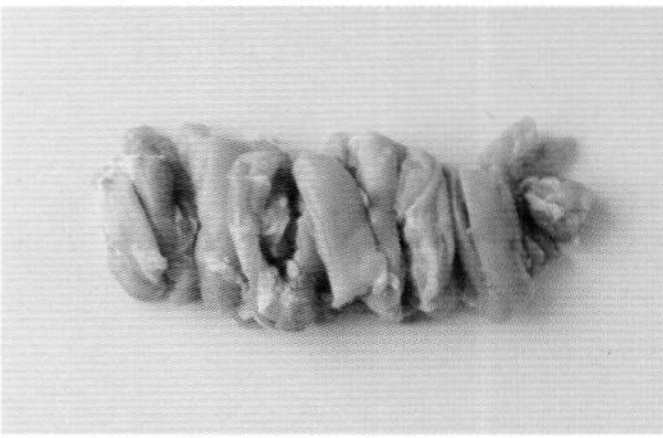

2 닭다리살은 껍질을 제거하고 2cm 두께로 썬다.

3 큰 볼에 닭갈비 양념 재료를 넣어 골고루 섞고 닭다리살을 넣고 버무린다.
준비한 재료는 냉장 보관한다.

당일 준비

4 달군 팬에 아보카도유를 두르고 ③을 넣어 중간 불에서 2분간 볶는다.

5 양배추, 양파를 넣어 1분간 더 볶고 중약 불로 줄인 후 남은 양념을 넣어 골고루 섞어가며 5분간 더 볶는다.
통깨를 뿌리고 깻잎을 올린다.

가을
3주차
백반 세트 ②

두유면 골뱅이무침
+
무 홍합탕

도시락

식전 샐러드

밥과 국(미리 준비하면 편해요!)

반찬(반찬데이에 한꺼번에 만들어요!)

바로 만드는 반찬(전날 준비해 아침에 만들어도 좋아요!)

무 홍합탕

홍합에는 당뇨와 고혈압 같은 성인병 예방에 도움을 주는 베타인이 많이 들어있습니다. 쫄깃쫄깃한 홍합으로 담백하고 시원한 국을 끓여보세요.

3인분 / 30분

- 홍합 30개(700g)
- 무 지름 10cm, 두께 2cm 1토막(200g)
- 마늘 3개
- 청고추 1개
- 홍고추 1개
- 대파 흰 부분 15cm
- 물 3컵(600㎖)
- 청주 2큰술
- 소금 약간
- 후춧가루 약간

Tip

홍합탕을 도시락에 담을 때는 껍데기에서 홍합살만 발라내어 담아요.

전날 준비

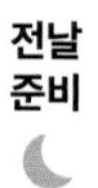

1 홍합은 흐르는 물에 솔로 문질러 잘 씻고 수염도 제거한다. 3~4번 맑은 물이 나올 때까지 헹군다.
* 잘못 잡아당기면 홍합살이 빠져나올 수 있으므로 주의해요.

2 무는 크기 2×2cm, 두께 0.5cm로 썬다. 마늘은 편 썰고, 청고추, 홍고추, 대파는 어슷 썬다.

3 냄비에 홍합, 무, 마늘, 물(3컵), 청주를 넣고 센 불에서 끓어오르면 5분간 끓인다.

4 청고추, 홍고추, 대파, 소금, 후춧가루를 넣고 2분간 더 끓인다.

두유면 골뱅이무침

골뱅이의 고소하고 쫄깃한 식감이 매콤달콤한 소스와 어우려져 밥에 올려먹어도, 따로 먹어도 맛있어요. 소면 대신 두유면을, 설탕, 매실청, 물엿 대신 대체 감미료를 넣어 혈당을 지켜보세요.

1인분 / 전날 5분, 당일 15분

- 두유면 150g
- 통조림 골뱅이 100g
- 양배추 30g
- 양파 1/4개(50g)
- 깻잎 4장

비빔장

- 저당 고추장 1/2큰술
- 고춧가루 1/2큰술
- 양조간장 1큰술
- 다진 마늘 1작은술
- 식초 1작은술
- 알룰로스 1작은술
- 참기름 1작은술
- 통깨 약간

Tip

시판 재료를 고른다면?

골뱅이와 함께 즐겨먹는 소면, 시판 양념의 설탕은 혈당 상승의 원인이 되므로 당함량이 적은 재료로 대체해 보세요.

전날 준비

1 양배추, 양파, 깻잎은 가늘게 채 썬다. 준비한 재료는 냉장 보관한다.

당일 준비

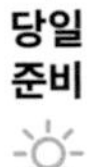

2 통조림 골뱅이는 체에 밭쳐 물기를 뺀다.

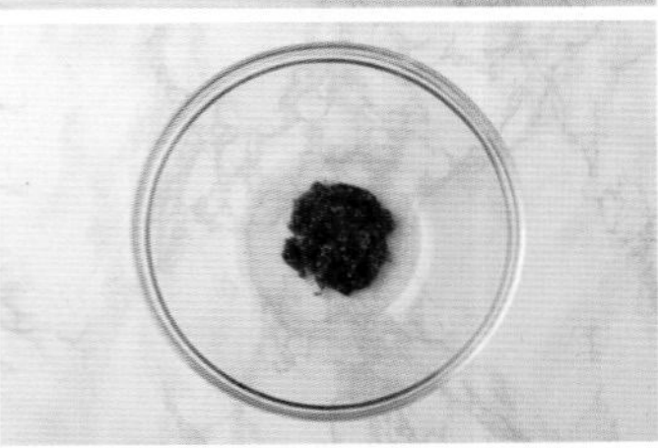

3 큰 볼에 비빔장 재료를 모두 넣어 골고루 섞는다.

4 ③에 골뱅이, 양배추, 양파, 깻잎을 넣고 버무린다.

5 두유면은 체에 밭쳐 물기를 빼고 골뱅이무침에 곁들인다.

가을
3주차
별미밥 세트 ①

줄기콩 꽃김밥
+
저당 두유면볶이

도시락

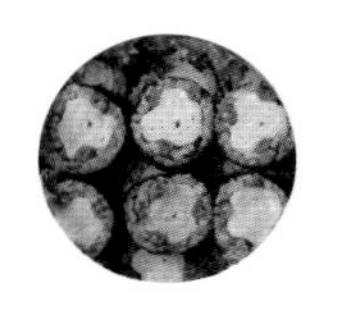

줄기콩 꽃김밥

고전적인 김밥도 맛있지만,
간단하면서도 건강하게
준비하는 색다른 김밥은
별미예요. 줄기콩과
달걀말이가 들어간 김밥으로
혈당을 관리해 보세요.

1인분 / 전날 20분, 당일 20분

- 현미밥 1공기(180g)
- 김밥 김 2장
- 달걀 3개
- 줄기콩 45g
- 맛술 1작은술
- 소금 1/2작은술
- 후춧가루 약간
- 참기름 약간
- 아보카도유 1큰술

밥 밑간

- 소금 약간
- 참기름 1/2작은술

전날 준비

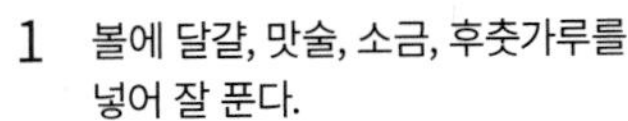

1 볼에 달걀, 맛술, 소금, 후춧가루를 넣어 잘 푼다.
* 체에 내리면 좀 더 부드럽게 만들 수 있어요.

2 달군 팬에 아보카도유를 두르고 달걀물 1/2분량을 부어 중간 불에서 달걀말이를 한다.

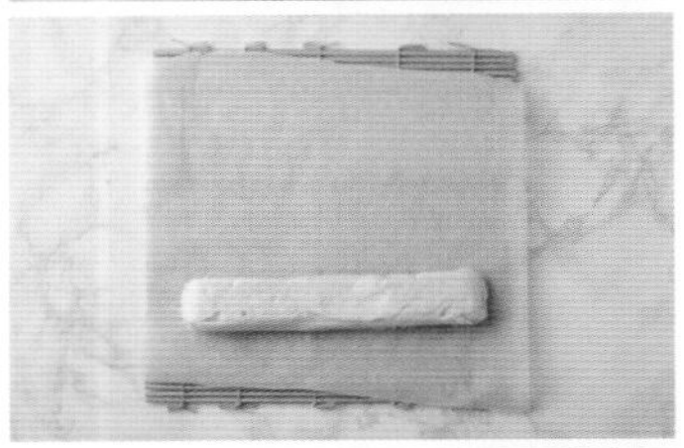

3 종이포일에 올려 돌돌 만 후 김발로 동그랗게 모양을 잡아 식힌다. 같은 방법으로 1개 더 만든다.

4 끓은 물에 줄기콩을 넣어 1분간 데친 후 체에 밭쳐 물기를 뺀다. 준비한 재료는 냉장 보관한다.

당일 준비

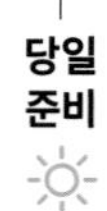

5 볼에 밥, 밥 밑간 재료를 넣어 골고루 섞는다. 김밥 김에 현미밥의 1/2분량을 올려. 김의 3/4지점까지 얇게 편다.

6 줄기콩을 2cm 간격으로 세 줄 깔고, 달걀말이를 얹어 김발로 꾹꾹 눌러가며 돌돌 만다. 김 끝을 물 또는 밥알로 붙인다. 같은 방법으로 한 개 더 만들어 한입 크기로 썬다.

저당 두유면볶이

당 함량이 높은 재료 대신
저당 고추장 양념에
두유면, 곤약, 푸주를 넣어
만든 분식 메뉴로
도시락을 준비해 보세요.

1인분 / 전날 15분, 당일 15분

- 두유면 100g
- 떡볶이 모양 곤약 50g
  (또는 일반 곤약)
- 푸주 50g(유바, 생략 가능)
- 대파 15cm

양념

- 물 3/4컵(150㎖)
- 저당 고추장 1/2큰술
- 알룰로스 1작은술
- 고춧가루 1/2큰술
- 양조간장 1작은술

전날 준비

1 두유면, 떡볶이 모양 곤약은 체에 밭쳐 물기를 뺀다.
* 일반 곤약을 사용할 경우 떡볶이 떡 크기로 썰어서 사용해요.

2 푸주는 찬물에 담가 불린다.

3 대파는 어슷 썬다.
준비한 재료는 냉장 보관한다.

당일 준비

4 팬에 양념 재료를 모두 넣고 센 불에서 3분간 끓인다.

5 푸주를 넣고 1분, 두유면, 곤약을 넣어 저어가며 1분간 더 끓인 후 대파를 넣는다.

가을
3주차
별미밥 세트 ②

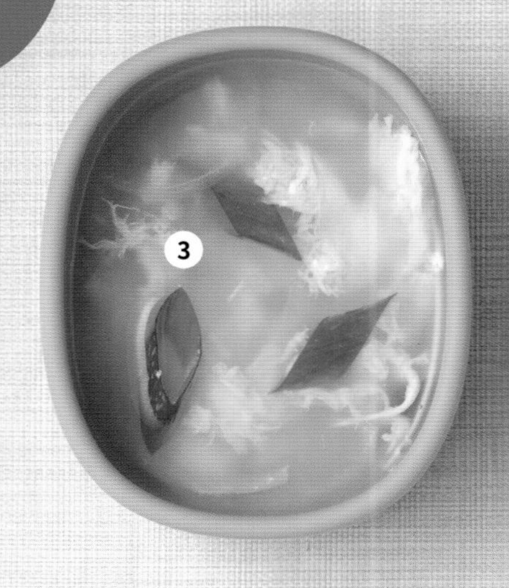

식전 샐러드

밥과 국(미리 준비하면 편해요!)

명란 참나물 영양밥 도시락

항산화 물질인 베타카로틴이
풍부한 참나물은 향이 좋아
여러 음식과 궁합이 잘 맞아요.
잘 익은 명란과 함께
비벼 먹으면 고소하면서도
담백하고 깔끔한 맛을
즐길 수 있어요.

전날 준비

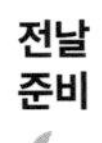

1 냄비에 가쓰오부시 국물 재료 중 물, 다시마를 넣고 약한 불에서 8~10분간 끓인다. 다시마를 건져내고 센 불로 올려 끓어오르면 불을 끄고 가쓰오부시를 넣어 5분간 두었다가 체에 거른다.

2 ①의 가쓰오부시 국물에 저당 쯔유, 맛술을 넣어 섞는다.

3 현미, 백미는 씻어 물에 30분간 불린 후 체에 물기를 없앤다. 참나물은 한입 크기로 썰고, 쪽파는 송송 썬다. 준비한 재료는 냉장 보관한다.

당일 준비

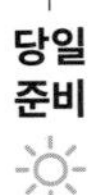

4 냄비에 불린 현미, 백미, 가쓰오부시 국물(1컵)을 넣고 센 불에서 끓인다. 중간중간에 바닥까지 긁어 저어가며 밥이 눌어붙지 않게 한다. 뚜껑을 덮어 중간 불로 12분, 약한 불로 줄여 10분간 더 익힌다.

5 달군 팬에 버터를 넣고 녹인 후 명란을 넣어 중간 불에서 3분간 굽는다. * 불이 세면 명란이 튈 수 있어요. 뚜껑을 덮고 익혀요.

6 ④의 밥이 다 되면 참나물, 쪽파, 구운 명란을 올려 뚜껑을 덮고 10분간 뜸 들인다.

2인분 / 전날 30분, 당일 30분

- 현미 1/2컵
- 백미 1/2컵
- 명란 50g
- 참나물 50g
- 쪽파 2줄기(20g)
- 버터 10g

가쓰오부시 국물

- 물 1과 1/5컵(240㎖)
- 다시마 5×5cm 2장
- 가쓰오부시 2g
- 저당 쯔유 1큰술
- 맛술 1큰술

가을 3주차 별식 세트 ①

식전 샐러드

① 샐러드 채소 + 드레싱 ·················· 24쪽

식사(미리 준비하면 편해요!)

② 통밀빵 BELT 샌드위치 ············ 235쪽

통밀빵 BELT 샌드위치 도시락

한손에 들기 버거울 정도로 채소를 많이 넣어 속이 꽉 찬 뚱뚱이 BELT 샌드위치를 만들었어요. 채소가 많이 들어간 만큼 포만감도 오래 유지되고 혈당 조절에도 좋습니다.

1인분 / 잔날 5분, 당일 20분

- 통밀식빵 2장
- 로메인 4장
- 양상추 40g
- 베이컨 2줄
- 토마토 슬라이스 2개
- 달걀 1개
- 아보카도유 1큰술

스프레드

- 마요네즈 1큰술
- 홀그레인 머스터드 1작은술
- 알룰로스 약간

전날 준비

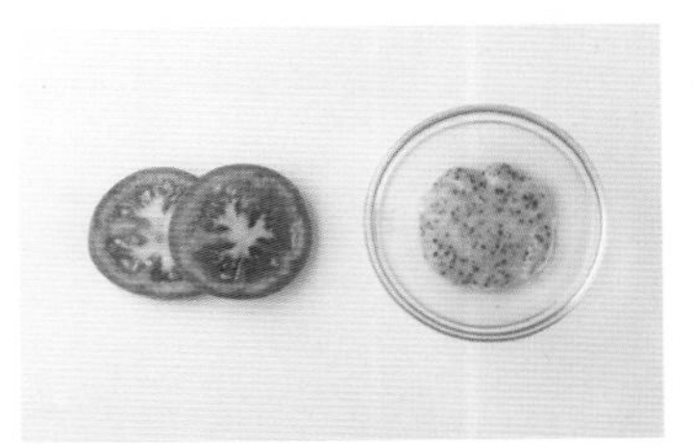

1 토마토는 0.7cm 두께의 모양대로 2장 썬다. 볼에 스프레드 재료를 넣어 골고루 섞는다. 준비한 재료는 냉장 보관한다.

당일 준비

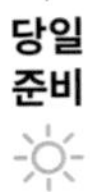

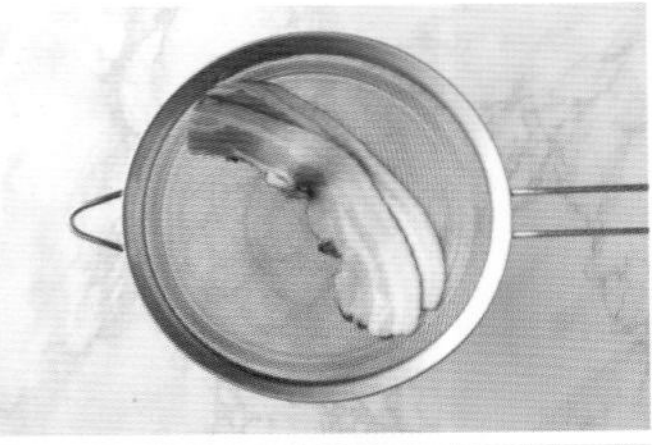

2 베이컨은 체에 밭친 후 뜨거운 물을 부어 기름기를 씻어낸다.

3 달군 팬에 통밀식빵을 올려 중간 불에서 앞뒤로 2분간 구운 후 한김 식힌다.

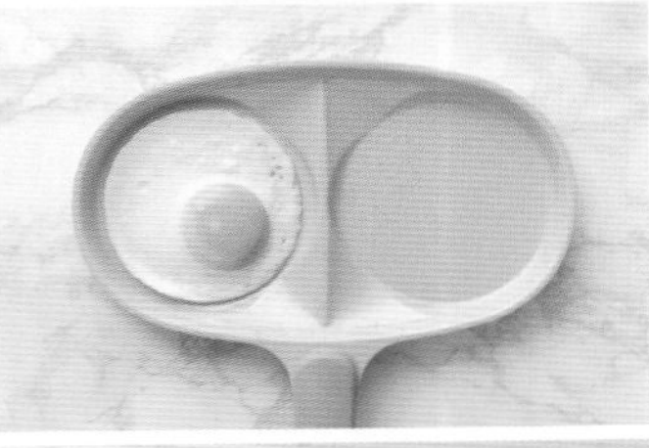

4 달군 팬에 아보카도유를 두르고 달걀을 깨뜨려 올려 중간 불에 2분간 익힌 후 뒤집고 불을 꺼 잔열로 2분간 익힌다.

5 통밀식빵 2장의 한쪽 면에만 스프레드를 펴 바른다.

6 통밀식빵 위에 로메인, 양상추 → 베이컨 → 토마토 슬라이스→ 달걀 프라이를 올리고 나머지 통밀식빵으로 덮는다. 랩으로 감싼 후 2등분한다.

* 로메인과 양상추를 켜켜이 쌓은 후 손바닥으로 한번 납작하게 눌러서 올리면 더 쉬워요. 샌드위치를 단단하게 랩핑해야 먹기 좋아요.

가을 3주차 별식 세트 ②

식전 샐러드

① 샐러드 채소 + 드레싱 ········· 24쪽

식사(미리 준비하면 편해요!)

② 현미 해산물 빠에야 ········· 237쪽

현미 해산물 빠에야 도시락

빠에야는 스페인의 쌀밥요리로 생쌀에 볶은 재료와 육수를 넣어 익히는 음식이에요. 다양한 해산물의 풍부한 맛을 즐길 수 있으면서도 쌀이 들어가서 친숙하게 느껴집니다. 혈당 관리를 위해 현미를 이용했어요.

2인분 / 전날 30분, 당일 30분

- 현미 1컵
- 오징어 50g
- 홍합살 70g
- 냉동 생새우살 6마리 (중간 크기, 50g)
- 완숙 토마토 1개(180g)
- 양파 1/4개(50g)
- 노랑 파프리카 1/4개
- 빨강 파프리카 1/4개
- 마늘 3개
- 올리브유 2큰술
- 페퍼론치노 2개
- 레몬 슬라이스 1개
- 바질잎 약간 (또는 깻잎, 참나물, 쪽파 등)
- 소금 약간
- 후춧가루 약간

다시마물

- 다시마 5×5cm 2장
- 물 2와 1/2컵(500㎖)

Tip

해산물의 종류마다 익히는 시간이 다르니 조리 시간을 고려해서 넣어요. 쌀의 수분량을 조절해야 하고, 가열하는 불의 세기를 잘 조절해야 타지 않아요. 먹기 직전 레몬즙을 뿌리면 상큼한 맛을 즐길 수 있어요.

전날 준비

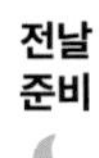

1 현미는 씻어 물에 30분간 불린 후 체에 밭쳐 물기를 없앤다. 볼에 다시마물 재료를 넣어 우린다.

2 끓는 물에 토마토를 넣고 1분간 데친 후 찬물에 헹궈 겉껍질을 벗긴 뒤 잘게 썬다. 양파, 파프리카는 사방 0.5cm로 썰고, 마늘은 얇게 편 썬다.

3 오징어는 껍질을 벗기고 안쪽에 촘촘한 바둑판 모양으로 칼집을 넣은 후 2×5cm 크기로 썬다. 볼에 손질한 오징어, 홍합살, 생새우살을 넣고 소금, 후춧가루를 뿌려 밑간한다. 준비한 재료는 냉장 보관한다.

당일 준비

4 달군 팬에 올리브유를 두르고 마늘, 양파, 파프리카, 소금을 넣어 중간 불에서 2분간 볶는다.

5 ③의 해산물, 페퍼론치노를 넣고 1분간 더 볶고, 토마토를 넣어 섞는다.

6 ⑤에 불린 현미, 다시마물(1컵)을 넣고 센 불로 올려 10분 끓인 후 약한 불로 줄여 10분간 더 익힌다. 물기가 잦아들면 불을 끄고 10분간 뜸을 들인다. 바질을 잘게 뜯어 올리고, 레몬 슬라이스를 곁들인다.

겨울

도시락

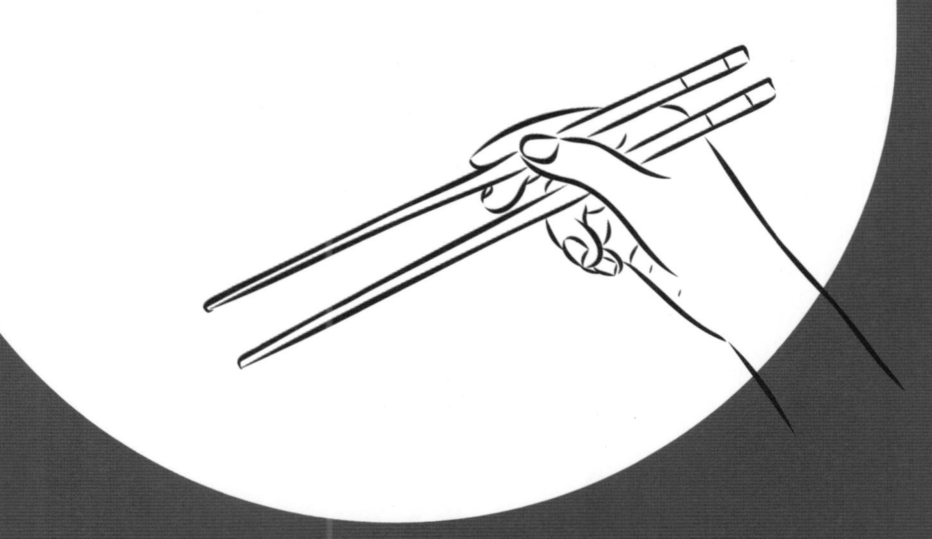

* 겨울철에는 노로바이러스 식중독을 조심해야 해요. 기온이 낮아지면서 도시락을 쌀 때나 먹을 때 자칫 위생관리에 소홀할 수 있어요. 겨울철이라 안전할 것이라는 생각은 버리고, 익히지 않은 육류와 해산물은 메뉴에서 제외합니다. 조리할 때 재료를 충분히 익히고 식혀서 담는 것이 중요합니다. 조리하는 환경이나 식사할 때의 환경도 위생적으로 유지하고, 손씻기 등의 개인위생 관리에도 철저해야 합니다.

* 겨울이 되면 실내에만 있게 되고, 신체활동이 줄어들어 혈당이 오를 수 있습니다. 그러므로 다른 계절보다 겨울에 더 운동을 열심히 하되, 실외에서 무리하게 운동하지 말고 실내에서 가벼운 운동부터 시작해보세요.

이 책의 식단과 도시락 칼로리 기준

모든 식단은 육체활동이 보통인 남성 한끼(하루 총 칼로리 2000~2100kcal의 1/3 정도)를 기준으로 합니다. 여성(하루 총 칼로리 1800kcal 정도)이나 에너지 필요량이 이보다 적을 경우, 밥이나 빵 등 탄수화물 재료의 분량을 줄이세요. 식전 샐러드와 반찬, 국물 등은 단백질 재료나 채소 등으로 구성되니 그대로 먹어도 괜찮습니다.

* 302~305쪽을 참고해 나만의 식단을 재구성해도 됩니다.

도시락에 활용하기 좋은 겨울 제철 재료 리스트

- ○ 우엉
- ○ 더덕
- ○ 시금치
- ○ 새송이버섯
- ○ 미역
- ○ 무
- ○ 톳
- ○ 파래
- ○ 삼치
- ○ 대구
- ○ 명태(동태)
- ○ 아귀
- ○ 꼬막

겨울 1주차 반찬데이

미리 만들어두었다가 일주일간 활용할 수 있는
계절 반찬을 소개합니다.

저당 고추장 더덕구이
241쪽

미역줄기볶음
242쪽

콩나물 게맛살냉채
242쪽

톳 두부무침
243쪽

저당 고추장 더덕구이

4인분 / 40분

- 더덕 270g
- 들기름 2큰술
- 아보카도유 2큰술
- 통깨 약간

양념

- 저당 고추장 1큰술
- 고춧가루 1큰술
- 양조간장 3/4큰술
- 다진 마늘 1/2큰술
- 알룰로스 2큰술

1 더덕은 7cm 길이, 0.7cm 두께로 썬 후 방망이로 두들겨 부드럽게 만든다. 소금물에 20분 정도 담가 아린맛을 제거한 후 물기를 제거한다.
  * 너무 얇게 썰거나 방망이로 세게 두드리면 찢어질 수 있어요.

2 볼에 양념 재료를 넣고 섞는다.
  * 농도가 너무 되직하면 물을 약간 넣어 뻑뻑하지 않게 농도를 맞춰요.

3 달군 팬에 들기름, 아보카도유를 두르고 더덕을 올려 중간 불에서 앞뒤로 노릇하게 3분간 굽는다. 약한 불로 줄이고 양념을 넣어 재빠르게 묻혀가며 앞뒤로 1~2분간 구워 통깨를 뿌린다. * 양념이 타지 않도록 주의해요.

Tip

껍질 있는 더덕을 손질하려면?

끓는 물(3컵)에 소금(1작은술), 식초(1큰술), 더덕을 넣고 5~10초간 데친 후 곧바로 찬물에 헹궈 한김 식히고 더덕 윗부분을 칼로 제거해요. 결 따라 껍질을 까면 쉽게 제거할 수 있어요.

미역줄기볶음

6인분 / 30분

- 염장 미역줄기 300g
- 양파 1/4개(50g)
- 아보카도유 2큰술
- 다진 마늘 1큰술
- 참기름 1큰술
- 통깨 약간

1. 염장 미역줄기는 흐르는 물에 흔들어 2~3회 씻고, 찬물에 15분간 담가 소금기를 뺀다.
   * 중간에 맛을 확인하며 소금기를 제거해요.
2. 미역줄기는 체에 밭쳐 물기를 제거하고 5cm 길이로 썬다. 양파는 가늘게 채 썬다.
3. 달군 팬에 아보카도유를 두르고 다진 마늘을 넣어 센 불에서 1분, 양파를 넣어 2분간 볶는다.
4. 미역줄기를 넣어 3분간 더 볶은 뒤 참기름, 통깨를 뿌려 한 번 더 볶고 불을 끈다.

콩나물 게맛살냉채

6인분 / 25분

- 콩나물 200g
- 오이 100g
- 게맛살 2줄
- 통깨 약간

양념

- 홀그레인 머스타드 1/2큰술
- 연겨자 1작은술
- 다진 마늘 1작은술
- 알룰로스 1큰술
- 소금 1/2작은술
- 식초 2큰술

1. 끓는 물(5컵)에 소금(1작은술), 콩나물을 넣어 3분간 데친 후 체에 밭쳐 물기를 빼고 한 김 식힌다. * 냉채용 콩나물은 머리, 꼬리를 정리하면 정갈하게 만들 수 있어요.
2. 오이는 5cm 길이로 썰어 돌려깎기 한 후 가늘게 채 썬다. 게맛살은 5cm 길이로 썰어 가늘게 찢는다.
3. 큰 볼에 양념 재료를 넣어 골고루 섞고, 콩나물, 오이, 게맛살을 넣어 무친다. 통깨를 뿌려 한 번 더 섞는다.

톳 두부무침

6인분 / 20분

- 톳 200g
  (또는 냉동 톳, 염장 톳)
- 두부 1모(300g)
- 양조간장 1/2큰술
- 참치액 1/2큰술
- 통깨 1큰술

1 톳은 맑은 물이 나올 때까지 여러 번 헹군 후 체에 밭쳐 물기를 뺀다.
  * 염장 톳 사용 시 물에 15분 담가 짠맛을 빼요.

2 끓는 물(5컵)에 굵은 소금(1/2큰술), 톳을 넣어 1분간 데쳐
  갈색에서 초록색으로 변하면 찬물에 헹군 후 체에 밭쳐 물기를 제거한다.

3 톳의 길이가 긴 것은 한입 크기가 되도록 가위로 자른다.

4 두부를 으깨어 면포(또는 베주머니)에 넣고 물기를 꽉 짠다.
  * 두부를 1분 정도 데치면 두부를 만들 때
  응고제로 사용한 간수와 식품 첨가물을 제거할 수 있어요.

5 볼에 톳, 두부, 양조간장, 참치액을 넣고 골고루 버무린 후
  통깨를 넣어 한 번 더 버무린다.

겨울 1주차 백반 세트 ①

제철 삼치구이 + 쇠고기 뭇국

도시락

식전 샐러드

밥과 국(미리 준비하면 편해요!)

반찬(반찬데이에 한꺼번에 만들어요!)

바로 만드는 반찬(전날 준비해 아침에 만들어도 좋아요!)

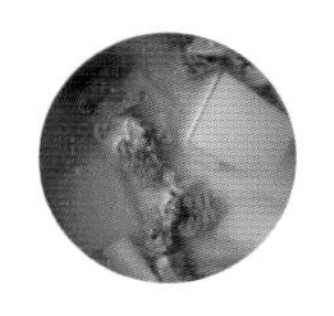

쇠고기 뭇국

단단하고 달큼한 겨울 무와
풍부한 영양소의 쇠고기가
어우러진 쇠고기 뭇국은
겨울철이 더욱 맛있습니다.
식이섬유가 풍부한 무는
쇠고기 뭇국에서 소화를 돕고,
담백 개운한 맛을 냅니다.

4인분 / 30분

- 무 지름 10cm, 두께 1.5cm 1토막(150g)
- 쇠고기 국거리 100g
- 대파 흰 부분 15cm
- 다진 마늘 1큰술
- 국간장 1/2큰술
- 참치액 1/2큰술
- 후춧가루 약간
- 소금 약간(기호에 따라 가감)

다시마물

- 물 4컵(800㎖)
- 다시마 5×5cm 1장

Tip

조리시간이 여유롭지 않다면
무를 나박나박 얇게 썰어보세요.
고춧가루 1큰술을 넣어 함께 볶으면
얼큰한 뭇국으로 즐길 수 있어요.

전날 준비

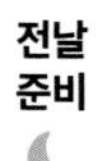

1 냄비에 다시마물 재료를 넣고 5분간 우린 후 다시마를 건진다.

2 쇠고기는 결 반대 방향으로 납작하게 썬 후 키친타월로 눌러 핏물을 제거한다.
* 익으면 크기가 줄어들기 때문에 무의 크기보다 작지 않게 썰어요.

3 무는 2×2.5cm 크기, 0.5cm 두께로 썰고, 대파는 어슷 썬다.

4 ①의 국물은 센 불로 끓여 끓어오르면 쇠고기, 다진 마늘을 넣어 중간 불로 줄인 후 25분간 뭉근하게 끓인다.

5 중약 불로 줄이고 무, 국간장, 참치액, 후춧가루를 넣어 5분간 더 끓인 후 대파를 넣는다.

제철 삼치구이

겨울이 제철인 삼치는
지방함량이 높아 도톰하고
살집이 부드럽습니다.
등푸른 생선이지만 비린내가
적고 오메가 3 지방산이
풍부합니다. 당뇨에도 좋아
도시락 반찬으로 자주 담으면
좋아요.

전날 준비

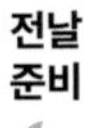

1 손질된 삼치는 흐르는 물에 깨끗이 씻은 후 키친타월로 물기를 없앤다. 삼치 껍질 쪽에 칼집을 넣는다.
* 도시락 용기의 크기를 고려해 토막을 내도 좋아요.

2 삼치에 소금, 후춧가루로 밑간한다. 준비한 재료는 냉장 보관한다.
* 밑간 된 삼치라면 소금은 생략하거나 조금만 뿌려요.

당일 준비

3 200°C로 예열한 에어프라이어(오븐)에서 18분간 굽는다. 중간에 굽기 상태를 확인하고 뒤집는다.

1인분 / 전날 5분, 당일 20분

- 삼치 구이용 1토막 (100g, 또는 삼치 순살)
- 아보카도유 1큰술
- 소금 약간
- 후춧가루 약간

Tip

삼치를 팬에 익힐 경우, 전날 냉동실에서 냉장실로 옮겨 해동하면 조리시간을 단축할 수 있어요. 삼치를 구울 때 껍질부분이 위로 가도록 놓고 익힌 후 뒤집어야 껍질이 벗겨지지 않아요. 와사비 간장이나 레몬 한 조각 또는 레몬즙을 추가한 간장에 찍어 먹어도 좋아요.

겨울 1주차 백반 세트 ②

저당 우엉 불고기
+
맑은 콩나물국

도시락

식전 샐러드

밥과 국(미리 준비하면 편해요!)

반찬(반찬데이에 한꺼번에 만들어요!)

바로 만드는 반찬(전날 준비해 아침에 만들어도 좋아요!)

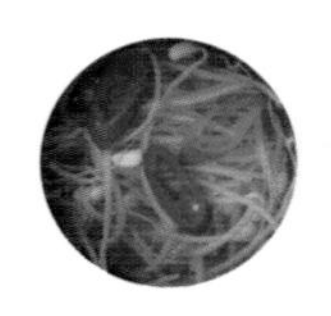

맑은 콩나물국

맑은 콩나물국은 조리법이
간단하면서 맛도 깔끔하고
개운해서 좋습니다.
콩나물은 콩의 영양소 외에도
콩에는 없는 비타민 C와
식이섬유를 함유하고 있어요.
머리와 꼬리에 줄기보다 많은
영양성분이 들어있으니
버리지 말고 모두 넣어
조리하세요.

4인분 / 25분

- 콩나물 2줌(100g)
- 대파 흰 부분 10cm
- 홍고추 1/2개
- 새우젓 1/2큰술(또는 소금)
- 다진 마늘 1/2큰술

멸치 다시마 국물

- 국물용 멸치 10마리
- 다시마 5×5cm 1장
- 물 4컵(800㎖)

Tip

매콤하게 즐기고 싶다면?
칼칼한 국물을 원한다면
과정 ④에서 청양고추 1/2개나
고춧가루를 넣고 끓여보세요.

전날 준비

1 냄비에 멸치 다시마 국물 재료를 넣고 센 불에서 끓인다. 끓어오르면 다시마는 건지고, 중간 불로 줄여 10분간 더 끓이고 국물용 멸치를 건진다.

2 대파, 홍고추는 어슷 썬다.

3 ①의 국물에 콩나물을 넣고 뚜껑을 덮어 센 불에서 5분간 끓인다.

4 대파, 홍고추, 새우젓, 다진 마늘을 넣고 1분간 더 끓인다.

저당 우엉 불고기

우리나라 대표음식인
불고기는 단짠의 조화로
남녀노소 누구나 좋아하는
메뉴지만, 당뇨인이라면
주의해야 합니다.
식이섬유가 풍부한 우엉을
함께 넣고, 설탕이나 과일청
대신 대체 감미료를 사용해서
당 걱정을 줄였습니다.

4인분 / 전날 25분, 당일 15분

- 쇠고기 불고기용 300g
- 우엉 60g
- 대파 흰 부분 10cm
- 청고추 1/2개
- 홍고추 1/2개
- 아보카도유 1큰술

양념

- 알룰로스 1큰술
- 다진 파 1큰술
- 다진 마늘 1큰술
- 양조간장 2와 1/2큰술
- 청주 1큰술
- 참기름 1작은술
- 후춧가루 약간

전날 준비

1 우엉은 얇고 길쭉하게 어슷 썬다. 색깔이 변하지 않도록 식촛물에 담가둔다.

2 대파, 홍고추, 청고추는 어슷 썬다.

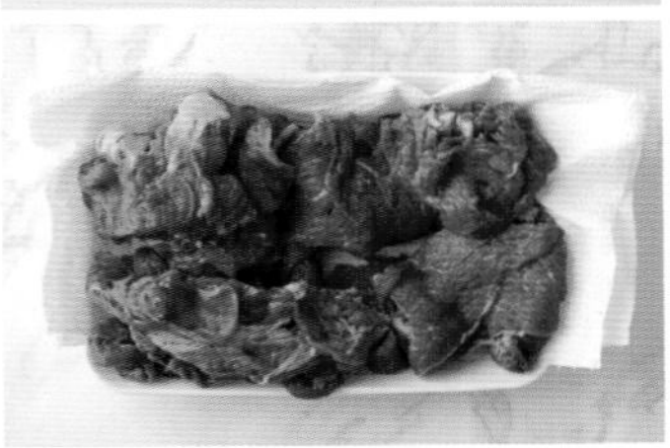

3 쇠고기는 4~5cm 폭으로 썬 후 키친타월로 눌러 핏물을 제거한다.

4 큰 볼에 쇠고기, 양념 재료를 넣고 골고루 섞어 재워둔다. 준비한 재료는 냉장 보관한다.

당일 준비

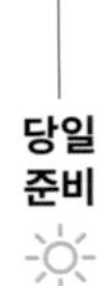

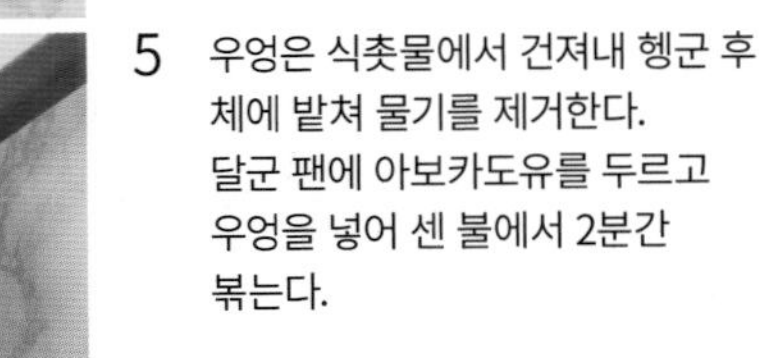

5 우엉은 식촛물에서 건져내 헹군 후 체에 밭쳐 물기를 제거한다. 달군 팬에 아보카도유를 두르고 우엉을 넣어 센 불에서 2분간 볶는다.

6 쇠고기를 넣어 중간 불에서 4분간 볶은 후 대파, 청고추, 홍고추를 넣고 1분간 더 볶는다.

겨울 1주차 별미밥 세트 ①

식전 샐러드

① 샐러드 채소 + 드레싱 ······ 24쪽

밥과 국(미리 준비하면 편해요!)

② 두부면 우엉잡채밥 ······ 253쪽
③ 미역국 ······ 33쪽

두부면 우엉잡채밥 도시락

잡채의 당면 때문에 먹기를 주저했다면 두부면으로 대신해 잡채를 만들어보세요. 소화가 잘 되고 붇지 않아 좋은 두부면과 식이섬유가 풍부한 우엉과 다양한 채소를 섞어 먹으면 담백하고 맛있답니다.

1인분 / 전날 20분, 당일 15~20분

- 현미밥 1공기(180g)
- 두부면 150g
- 우엉 100g
- 양파 1/2개(100g)
- 빨강 파프리카 1/2개
- 노랑 파프리카 1/2개
- 청피망 1/2개
- 아보카도유 1큰술
- 통깨 약간

두부면 밑간

- 양조간장 1큰술
- 알룰로스 1/2/큰술
- 참기름 1/2큰술

우엉 양념

- 물 3큰술
- 양조간장 1큰술
- 청주 1큰술
- 알룰로스 1작은술
- 통깨 약간

Tip

두부면을 먼저 양념해 두어야 간이 베어서 심심하지 않아요. 쇠고기(불고기용 또는 잡채용)를 양념한 후 넣으면 더욱 든든한 잡채가 완성됩니다.

전날 준비

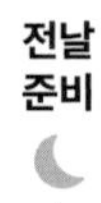

1 우엉은 5cm 길이로 썬 후 가늘게 채 썬다.

2 양파, 파프리카, 청피망은 5cm 길이로 썰어 가늘게 채 썬다.

3 끓는 물(3컵)에 식초(2큰술), 우엉을 넣고 3분간 데친 후 찬물에 담가 식힌 후 물기를 제거한다. 준비한 재료는 냉장 보관한다.

당일 준비

4 두부면은 체에 받쳐 물기를 제거한 후 볼에 두부면 밑간 재료와 함께 넣고 버무린다.

5 달군 팬에 우엉, 우엉 양념 재료를 넣어 중약 불에 10분간 졸인 후 덜어둔다.

6 팬을 닦고 다시 달궈 아보카도유를 두르고 양파, 파프리카, 청피망을 넣어 중간 불에서 3분간 볶는다. 불을 끄고 두부면, 볶은 우엉을 넣어 골고루 섞은 후 통깨를 뿌린다.

겨울 1주차 별미밥 세트 ②

식전 샐러드

① 샐러드 채소 + 드레싱 ········ 24쪽

밥과 국(미리 준비하면 편해요!)

② 애호박 참치덮밥 ········ 255쪽

③ 어묵국 ········ 33쪽

애호박 참치덮밥 도시락

쉽게 구할 수 있는 애호박과 통조림 참치로 간단하고 혈당 관리에 좋은 음식을 만들어보세요. 참치는 단백질과 오메가 3 지방산이 풍부하여 염증을 줄이고 혈당조절에 도움을 줍니다. 애호박은 혈당을 감소시키는 비타민 B_1을 함유하고 있습니다.

2인분 / 전날 10분, 당일 20분

- 현미밥 2공기(360g)
- 애호박 2/3개
- 양파 1/2개(100g)
- 대파 15cm
- 통조림 참치 1개
- 아보카도유 1큰술
- 다진 마늘 1큰술
- 저당 굴소스 1/2큰술
- 두반장 1/2큰술
- 참기름 1큰술
- 통깨 약간

Tip

매콤하게 즐기려면?
과정 ⑥에서 고춧가루 1큰술을 추가해 볶으면 더욱 매콤한 애호박 참치덮밥을 만들 수 있어요.

두반장이 없다면?
두반장 대신 된장 1/2큰술, 저당 고추장 1/2큰술, 고춧가루 1/2작은술, 해물육수(다시마물) 약간, 양조간장 1/2큰술, 알룰로스 1/2큰술을 섞어서 사용하세요.

전날 준비

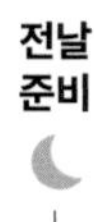

1 애호박, 양파는 0.5cm 두께로 채 썰고, 대파는 송송 썬다. 준비한 재료는 냉장 보관한다.
* 애호박을 너무 가늘게 채 썰면 조리 과정에서 물러질 수 있어요.

당일 준비

2 통조림 참치는 체에 밭쳐 기름기를 뺀다.

3 달군 팬에 아보카도유를 두르고 대파를 넣어 센 불에서 1분간 볶는다.

4 파기름이 나오면 양파를 넣고 투명해질 때까지 1분간 더 볶는다.

5 애호박을 넣고 3분간 볶는다.

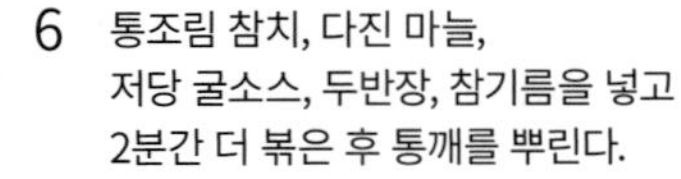

6 통조림 참치, 다진 마늘, 저당 굴소스, 두반장, 참기름을 넣고 2분간 더 볶은 후 통깨를 뿌린다.

겨울
1주차
별식 세트 ①

식전 샐러드

① 샐러드 채소 + 드레싱 ··········· 24쪽

식사(미리 준비하면 편해요!)

② 모닝빵 달걀 샌드위치 ··········· 257쪽

모닝빵 달걀 샌드위치 도시락

가벼운 도시락이 필요할 때
빵 도시락이 딱이죠.
저당 모닝빵으로 혈당도 챙기고
양배추, 당근, 브로콜리로
식이섬유도 채워보세요.

2인분 / 전날 30분, 당일 20분

- 저당 모닝빵 6개
- 달걀 3개
- 양배추 30g
- 당근 20g
- 브로콜리 25g
- 마요네즈 1큰술
- 소금 1/2큰술
- 식초 1큰술
- 알룰로스 1작은술

Tip

저당 모닝빵은 쿠팡 등의 온라인몰에서
구매 가능해요. 일반 모닝빵을
사용할 때는 당 함량을 확인하세요.
양배추, 당근이 두꺼우면 잘 섞이지
않으니 최대한 얇게 채 썰어야 해요.

전날 준비

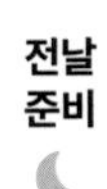

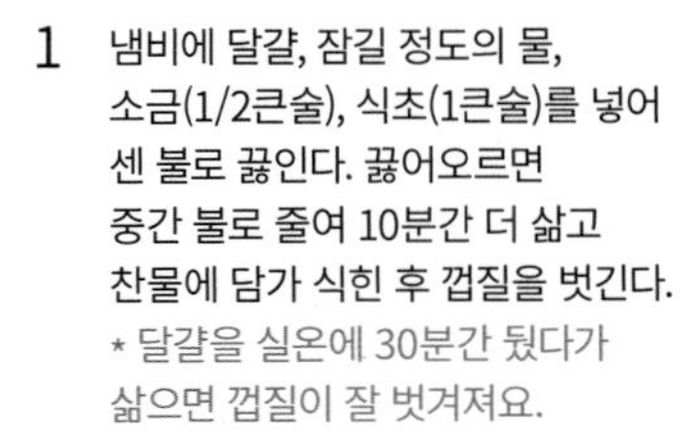

1 냄비에 달걀, 잠길 정도의 물,
소금(1/2큰술), 식초(1큰술)를 넣어
센 불로 끓인다. 끓어오르면
중간 불로 줄여 10분간 더 삶고
찬물에 담가 식힌 후 껍질을 벗긴다.
* 달걀을 실온에 30분간 뒀다가
삶으면 껍질이 잘 벗겨져요.

2 끓는 물(2와 1/2컵)에 소금(1큰술),
브로콜리를 넣고 1분간 데친 후
찬물에 담가 식히고 물기를 제거한다.

3 양배추, 당근은 얇게 채 썰어
1cm 길이로 썰고,
브로콜리는 잘게 다진다.

4 볼에 양배추, 당근, 브로콜리, 소금,
식초, 알룰로스를 넣고 버무려
5분간 두었다가 물기를 꽉 짠다.
준비한 재료는 냉장 보관한다.

당일 준비

5 볼에 삶은 달걀을 넣고
메셔로 으깬 후 ④, 마요네즈를 넣어
골고루 섞는다.
부족한 간은 소금으로 더한다.

6 저당 모닝빵을 한쪽 끝이
붙어있도록 칼집을 낸 후 벌려서
⑤의 1/6분량을 올려 덮는다.
같은 방법으로 5개 더 만든다.

겨울 1주차 별식 세트 ②

식전 샐러드

① 샐러드 채소 + 드레싱 ······ 24쪽

식사(미리 준비하면 편해요!)

② 바질 전복리조또 ······ 259쪽

바질 전복리조또 도시락

전복은 단백질이 풍부하고
아연이 들어있어 혈당을
낮춰주는 효능이 있습니다.
부드럽고 쫄깃한 식감의 전복과
함께 리조또를 즐겨보세요.

1인분 / 전날 15분, 당일 15분

- 현미밥 1공기(180g)
- 전복 3마리(작은 것)
- 양파 1/4개(50g)
- 마늘 2개
- 생크림 3/4컵(150㎖)
- 우유 1/2컵(100㎖)
- 버터 10g
- 바질페스토 2큰술
- 아보카도유 1큰술
- 소금 1/2작은술
- 후춧가루 약간
- 그라나 파다노 치즈 간 것 약간
  (또는 파마산 치즈 가루)
- 파슬리가루 약간

Tip

다양한 채소를 곁들여 먹으면
혈당조절에 도움이 돼요.

전날 준비

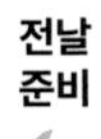

1 양파는 잘게 다지고,
마늘은 얇게 편 썬다.

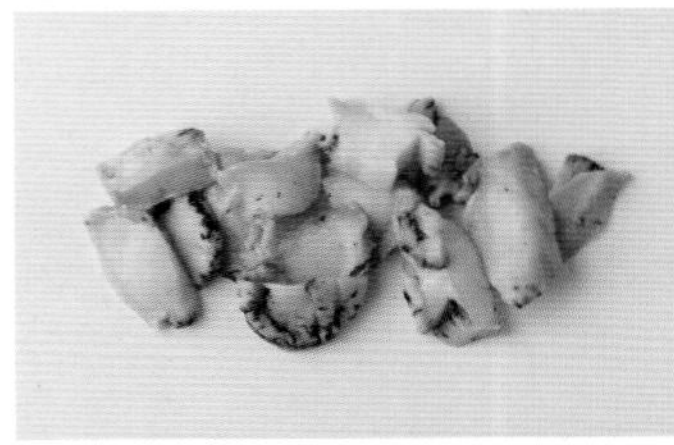

2 전복은 솔로 깨끗이 문질러 씻고,
껍질에서 떼어낸다.
내장을 분리하고, 입을 제거한 후
0.5cm 두께로 썬다.
준비한 재료는 냉장 보관한다.

당일 준비

3 달군 팬에 아보카도유를 두르고
마늘, 양파를 넣어 중간 불에서
2분간 볶는다. 양파가 투명해지면
버터, 전복을 넣고 1분간 더 볶는다.

4 생크림, 우유, 현미밥을 넣어
밥알이 풀어질 때까지 중약 불에서
1분간 저어가며 볶는다.
* 눌어붙지 않게 주의해요.

5 바질페스토, 소금, 후춧가루를 넣고
불을 끈 후 그라나 파다노 치즈 간 것과
파슬리가루를 뿌린다.

겨울 2주차 반찬데이

미리 만들어두었다가 일주일간 활용할 수 있는
계절 반찬을 소개합니다.

우엉 곤약조림
261쪽

미니 새송이버섯 장조림
262쪽

느타리버섯 깨무침
262쪽

파래 초무침
263쪽

우엉 곤약조림

8인분 / 30분

- 우엉 150g
- 떡볶이 모양 곤약 150g (또는 일반 곤약)
- 검은깨 1작은술(또는 통깨)

양념

- 양조간장 3큰술
- 맛술 3큰술
- 알룰로스 1과 1/2큰술
- 물 1/2컵(100㎖)

1 우엉은 손질한 후 5cm 길이로 납작하게 썬 후 식촛물에 담가둔다. 떡볶이 모양 곤약은 체에 밭쳐 물기를 뺀다.
* 일반 곤약을 사용할 때는 우엉과 비슷한 크기로 썬다.

2 끓는 물(3컵)에 식초(3큰술), 곤약을 넣어 1분간 데친 후 체에 밭쳐 찬물에 헹군다.

3 우엉을 식촛물에서 건져내어 끓는 물에 넣고 3분간 데친 후 체에 밭쳐 찬물에 헹궈 물기를 제거한다.

4 냄비에 양념 재료를 넣고 센 불로 끓인다. 끓어오르면 중간 불로 줄이고 곤약, 우엉을 넣어 뚜껑을 덮어 15분간 끓인다. 중간중간 뚜껑을 열어 양념이 잘 베도록 섞고, 수분이 거의 없어지면 불을 끄고 검은깨를 뿌린다.

미니 새송이버섯 장조림

6인분 / 30분

- 미니 새송이버섯 300g
- 떡볶이 모양 곤약 150g
  (또는 일반 곤약)
- 검은깨 약간(또는 통깨)

양념

- 양조간장 3큰술
- 알룰로스 1큰술
- 맛술 2큰술
- 물 1/2컵(100㎖)

1 미니 새송이버섯은 큰 것만 2등분한다.
  * 일반 곤약을 사용할 경우에는
  미니 새송이버섯 크기로 썰어요.

2 끓는 물(3컵)에 곤약을 넣어 1분간 데친다.
  * 곤약을 데치면 특유의 향을 없앨 수 있어요.

3 냄비에 양념 재료를 넣고 센 불로 끓인다.
  끓어오르면 미니 새송이버섯, 곤약을 넣고
  중약 불로 줄여 뚜껑을 덮고 10분간 조린다.

4 뚜껑을 열고 저으며 10분간 더 조려 수분을 날린다.
  수분이 거의 없어지면 불을 끄고 검은깨를 뿌린다.

느타리버섯 깨무침

6인분 / 20분

- 느타리버섯 400g
- 다진 마늘 1작은술
- 다진 파 1작은술
- 양조간장 1큰술
- 알룰로스 1/2작은술
- 참기름 1작은술
- 통깨 간 것 1큰술

1 느타리버섯은 가닥가닥 찢는다.

2 끓는 물(5컵)에 느타리버섯을 넣고
  30초간 데친 후 체에 밭쳐 찬물로 헹구고
  물기를 꽉 짠다.

3 볼에 다진 마늘, 다진 파, 양조간장,
  알룰로스를 넣고 섞은 후
  느타리버섯, 참기름, 통깨 간 것을 넣고
  골고루 버무린다.

파래 초무침

6인분 / 30~40분

- 물파래 약 2컵(150g, 또는 건파래 15g)
- 무 지름 10cm, 두께 1.5cm 1토막(150g)

절임 양념

- 알룰로스 1큰술
- 식초 1큰술
- 소금 1작은술

양념

- 식초 1과 1/2큰술
- 참치액 1/2큰술
- 알룰로스 1큰술
- 다진 마늘 1작은술
- 소금 약간
- 통깨 약간

1 무는 가늘게 채 썬다.
볼에 무, 절임 양념 재료를 넣고 버무려 10분간 절인다.

2 물파래는 굵은 소금(1큰술)을 넣어 가닥가닥 벌려가며
파래에 붙어있는 해초, 작은 생물 등의 이물질을 제거하면서 조물조물 씻는다.
맑은 물이 나올 때까지 여러 번 헹군다.
* 헹굴 때 파래가 물에 휩쓸리기 쉬우므로 반드시 체에 밭쳐 헹궈요.

3 파래, 절인 무는 물기를 꽉 짠다.

4 볼에 양념 재료를 넣고 섞은 후 파래, 절인 무를 넣어 골고루 버무린다.
* 파래가 뭉칠 수 있으므로 손으로 찢어가며 무와 양념이 잘 섞이도록 해요.

겨울
2주차
백반 세트 ①

6

5

4

2

포두부 채소말이 + 묵은지 콩비지찌개

도시락

식전 샐러드

① 샐러드 채소 + 드레싱 ········ 24쪽

밥과 국(미리 준비하면 편해요!)

② 현미밥 ········ 26쪽
③ 묵은지 콩비지찌개 ········ 266쪽

반찬(반찬데이에 한꺼번에 만들어요!)

④ 파래 초무침 ········ 263쪽
⑤ 미니 새송이버섯 장조림 ········ 262쪽

바로 만드는 반찬(전날 준비해 아침에 만들어도 좋아요!)

⑥ 포두부 채소말이 ········ 267쪽

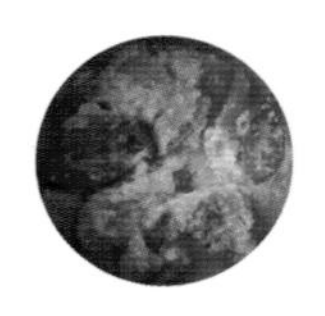

묵은지 콩비지찌개

따뜻한 콩비지를 밥에
턱 얹어 쓱쓱 비벼 먹는 맛!
겨울 도시락에서 빠질 수
없죠. 두부를 만들 때 콩물을
짜고 남은 비지는 단백질과
식이섬유가 풍부해요.
먹었을 때 고소한 맛과 함께
포만감을 높이고, 혈당을
조절해 줍니다.

4인분 / 30분

- 콩비지 300g
- 묵은지 200g
- 돼지고기 앞다리살 200g
- 양파 1/2개(100g)
- 홍고추 1개
- 대파 15cm
- 들기름 1큰술
- 다진 마늘 1큰술
- 국간장 1큰술(또는 새우젓, 묵은지 염도에 따라 가감)

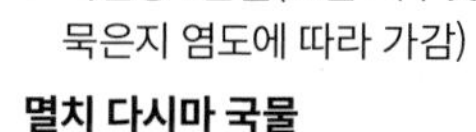

멸치 다시마 국물

- 국물용 멸치 10마리
- 다시마 5×5cm 1장
- 물 2컵(400㎖)

Tip

덜 익은 김치는 김치를 볶을 때
식초 2작은술을 넣어 함께 볶아요.

전날 준비

1 냄비에 멸치 다시마 국물 재료를 넣고 센 불에서 끓인다. 끓어오르면 다시마는 건지고, 중간 불로 줄여 10분간 더 끓여 국물용 멸치를 건진다.

2 양파는 채 썰고, 대파와 홍고추는 어슷 썬다. 묵은지는 속을 털어내고 2cm 폭으로 썬다.

3 돼지고기는 2.5×2.5cm 크기, 1cm 두께로 썬다.

4 달군 냄비에 들기름을 두르고 묵은지, 양파를 넣어 중약 불에서 2분간 볶는다. 돼지고기를 넣어 2분간 더 볶는다.

5 ①의 국물, 콩비지, 다진 마늘을 넣고 센 불에서 끓인다. 끓어오르면 중약 불로 줄이고 5분간 더 끓인다.

6 국간장으로 간을 맞추고 대파, 홍고추를 넣어 1분간 더 끓인다.

포두부 채소말이

라이스페이퍼 대신
단백질이 풍부한
포두부를 사용해 보세요.
씹을수록 고소한 맛이 채소와
어우러져 입맛을 돋웁니다.
단면이 보이게 썰어 담으면
꽃밭처럼 도시락이 환해져요.

00인분 / 전날 40분, 당일 15분

- 포두부 10×10cm 5장
- 오이 10cm(100g)
- 빨강 파프리카 1/4개
- 노랑 파프리카 1/4개
- 게맛살 2줄(50g)
- 깻잎 5장
- 쪽파 5~10줄기(또는 부추)

겨자 소스

- 연겨자 1큰술
- 식초 2큰술
- 알룰로스 1큰술
- 소금 1/2작은술
- 홀그레인 머스터드 1작은술

Tip

더 건강하게 즐기려면?
구매 시 포두부 크기를 확인하세요.
포두부는 쉽게 찢어지므로 힘 조절이
필요해요. 게맛살은 당류 함량이
낮은 것 또는 어육함량이 높은 것을
선택하세요.

전날 준비

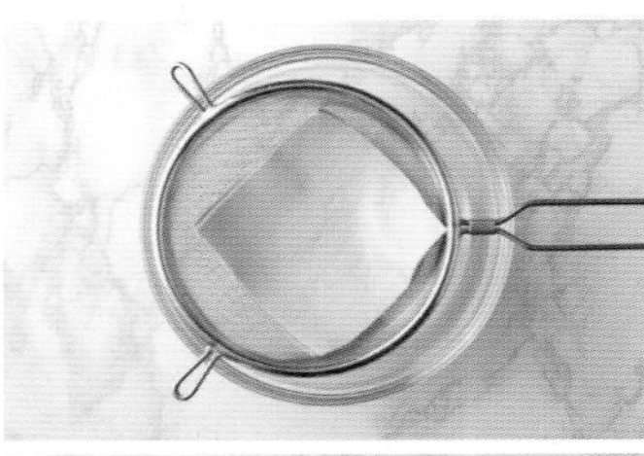

1 포두부는 체에 밭쳐
물기를 제거한다.

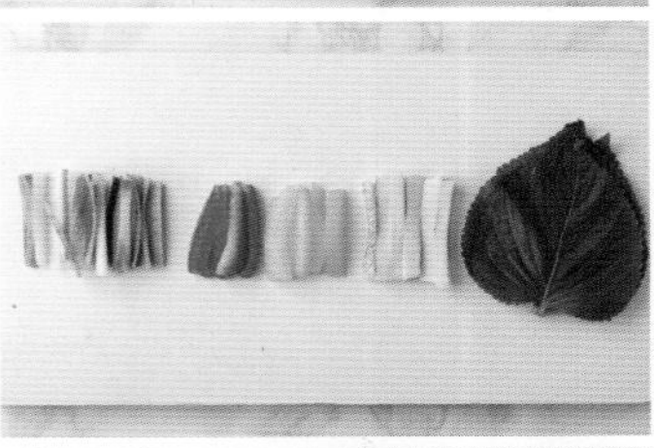

2 오이는 5cm 길이로 썰어
돌려깎은 후 0.5cm 두께로 채 썬다.
파프리카, 게맛살은 오이와 같은
크기로 썬다. 깻잎은 물기를 털고
꼭지를 제거한다.

3 끓는 물에 쪽파를 넣었다 뺀다는
느낌으로 빠르게 데친 후
찬물로 헹궈 물기를 꼭 짠다.

4 포두부 위에 깻잎 → 오이 →
파프리카 → 게맛살 순으로 올려
그대로 돌돌 만다.

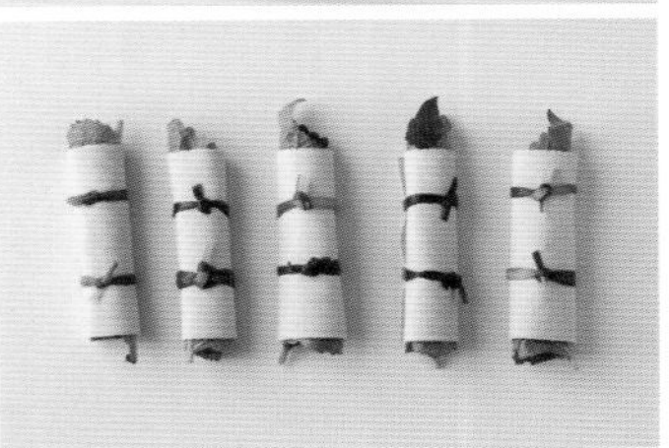

5 풀리지 않게 쪽파로 두 군데를
묶는다. 같은 방법으로
4개 더 만든다.
준비한 재료는 냉장 보관한다.

당일 준비

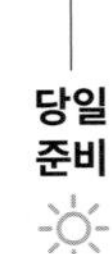

6 포두부 채소말이는 2등분하고,
볼에 겨자 소스 재료를
넣고 섞어 곁들인다.
* 도시락 용기의 높이, 크기를
고려해 썰어요. 도시락에
겨자 소스는 따로 담아요.

겨울 2주차 백반 세트 ②

양배추 베이컨 달걀전
+
동태찌개

도시락

식전 샐러드

밥과 국(미리 준비하면 편해요!)

반찬(반찬데이에 한꺼번에 만들어요!)

바로 만드는 반찬(전날 준비해 아침에 만들어도 좋아요!)

동태찌개

명태는 열량이 낮고 단백질이
많아 혈당조절에 효과적입니다.
겨울이 제철인 동태와
달큼한 무로 시원하고도
맛있는 찌개를 만들어보세요.

6인분 / 40분

- 손질된 동태 1마리(550g)
- 무 지름 10cm, 두께 1.5cm 1토막(150g)
- 양파 1/4개(50g)
- 대파 흰 부분 15cm
- 홍고추 1개
- 쑥갓 25g
- 소금 2작은술
- 청주 2큰술

양념

- 고춧가루 2큰술
- 다진 마늘 1큰술
- 국간장 1큰술
- 된장 1/2큰술(염도에 따라 가감)
- 다진 생강 1/2작은술
- 새우젓 1작은술

멸치 다시마 국물

- 국물용 멸치 10마리
- 다시마 5×5cm 2장
- 물 4컵(800㎖)

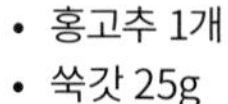

Tip

동태를 손질하려면?
손질이 안 된 동태를 구입했다면
지느러미, 내장을 제거합니다.
내장이 있던 부분이나 핏물을
잘 제거해야 비린내가 안나요.

전날 준비

1 무는 3×3cm 크기, 0.5cm 두께로 썬다. 양파는 채 썰고, 대파, 홍고추는 어슷 썬다. 쑥갓은 질긴 줄기는 제거하고 5cm 길이로 썬다.

2 냄비에 멸치 다시마 국물 재료를 넣고 센 불에서 끓인다. 끓어오르면 다시마는 건지고, 중간 불로 줄여 10분간 더 끓이고 국물용 멸치를 건진다.

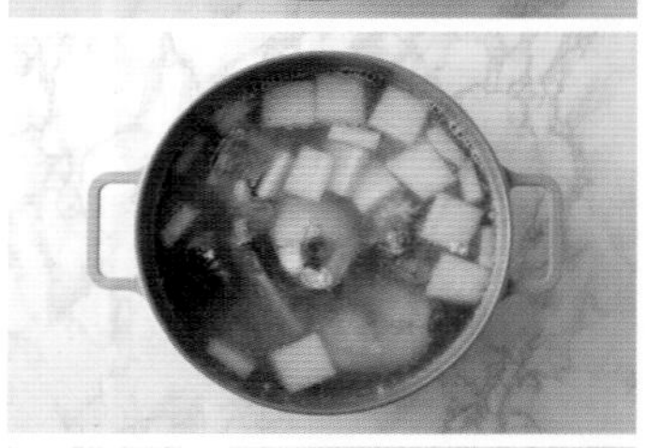

3 ②의 국물에 동태, 무, 청주, 소금을 넣고 센 불에서 끓어오르면 중간 불로 줄여 3분간 끓인다. 중간에 올라오는 거품을 걷어낸다.

4 양파, 양념 재료를 넣고 5분간 더 끓인다. 대파, 홍고추, 쑥갓을 올린다.
* 다음날 도시락에 담을 때는 쑥갓은 따로 보관했다가 담기 직전에 올려야 향긋한 향을 살릴 수 있어요.

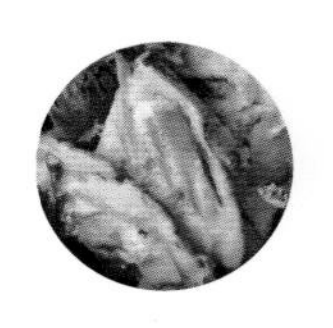

양배추 베이컨 달걀전

달걀로만 부쳐낸 양배추 베이컨전입니다. 밀가루나 부침가루는 정제된 탄수화물로 혈당지수(GI지수)가 높아 사용하지 않았어요. 양배추의 설포라판 성분은 혈당조절에 도움을 줍니다. 양배추의 단맛과 베이컨의 짠맛, 달걀의 고소함이 조화로워요.

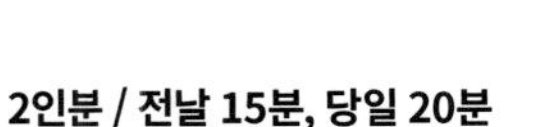

2인분 / 전날 15분, 당일 20분

- 양배추 70g
- 베이컨 2줄
- 당근 20g
- 달걀 3개
- 쪽파 2줄기(20g, 또는 대파)
- 아보카도유 2큰술
- 소금 1/2작은술 + 약간
- 후춧가루 약간

Tip

밀가루 또는 부침가루를 넣거나, 단맛이 들어간 데리야끼소스 등을 곁들이면 혈당이 급격히 오를 수 있어요. 부서지기 쉬우니 달걀 프라이팬을 사용해 보세요.

전날 준비

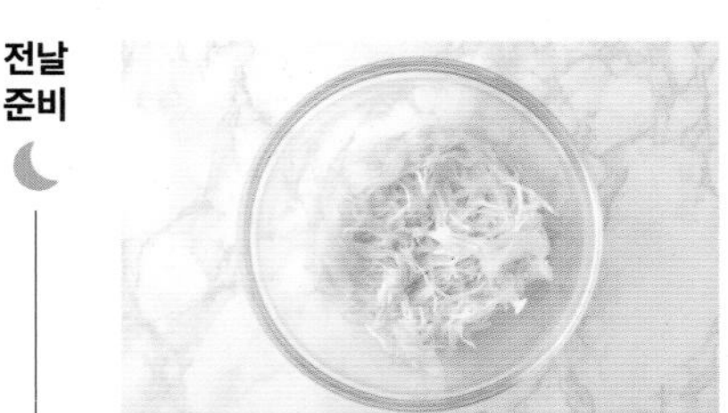

1 양배추는 최대한 가늘게 채 썰어서 소금(1/2작은술)을 넣고 20분간 절인다.

2 당근은 가늘게 채 썰고, 쪽파는 3cm 길이로 썬다. 베이컨은 1cm 두께로 썬다.
* 쪽파 대신 대파를 사용할 경우는 0.5cm 두께로 어슷 썰어요.

3 절인 양배추를 꽉 짜서 물기를 제거한다. 준비한 재료는 냉장 보관한다.
* 채소 탈수기나 면포, 키친타월 등으로 물기를 제거해도 좋아요.

당일 준비

4 볼에 달걀을 푼 후 양배추, 당근, 쪽파, 베이컨, 소금(약간), 후춧가루를 넣어 섞는다.

5 달군 팬에 아보카도유를 두르고 반죽을 한입 크기로 펼쳐 올려 중간 불에서 5분간 굽는다. 이때 전체적으로 두께를 균일하게 편다. 한쪽이 다 익으면 뒤집어 3분간 더 익힌다. * 전날 완성해서 당일에 데워 담아도 좋아요.

겨울 2주차 별미밥 세트 ①

식전 샐러드

① 샐러드 채소 + 드레싱 ········ 24쪽

밥과 국(미리 준비하면 편해요!)

② 고단백 오야코동 ················ 273쪽

③ 미역국 ································ 33쪽

고단백 오야코동 도시락

달걀, 양파 등을 넣어 만든
오야코동은 일본 가정식의
대표적 메뉴입니다.
달걀과 닭고기로 단백질을
챙기면서 혈당조절도 해보세요.

1인분 / 전날 15분, 당일 15분

- 현미밥 1공기(180g)
- 닭가슴살 70g
- 달걀 1개
- 양파 1/6개(30g)
- 쪽파 약간
- 저당 쯔유 2큰술
- 아보카도유 1큰술
- 맛술 1작은술
- 소금 1/2작은술 + 약간
- 후춧가루 약간

다시마물
- 물 1/2컵(100㎖)
- 다시마 5×5cm 1장

Tip

닭가슴살 대신 닭다리살을 사용해도 좋아요. 닭다리살로 대체할 때는 껍질을 제거한 후 사용하세요.

전날 준비

1 양파는 최대한 얇게 채 썰고, 쪽파는 송송 썬다.

2 닭가슴살을 1cm 폭으로 썬 후 소금(약간), 후춧가루를 뿌려 재운다.

3 볼에 다시마물 재료를 넣어 우린다. 준비한 재료는 냉장 보관한다.

당일 준비

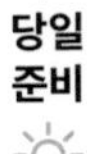

4 볼에 달걀, 맛술, 소금(1/2작은술)을 넣어 푼다.

5 달군 팬에 아보카도유를 두르고 닭가슴살을 올려 중간 불에서 4~5분간 앞뒤로 노릇하게 굽는다.

6 양파를 넣고 30초간 더 볶은 후 다시마물, 저당 쯔유를 넣고 센 불로 올려 끓인다.
국물이 끓어오르면 ④의 달걀물을 원을 그리며 붓고 20초간 익힌다.
현미밥에 곁들이고 쪽파를 올린다.

겨울 2주차 별미밥 세트 ②

식전 샐러드

① 샐러드 채소 + 드레싱 ········ 24쪽

밥과 국(미리 준비하면 편해요!)

② 톳 현미김밥 ························ 275쪽

③ 미소 된장국 ························ 33쪽

톳 현미김밥 도시락

오도독오독 씹히는 톳은 칼로리는
낮고 식이섬유가 풍부하여
다이어트와 혈당 관리에 좋아요.
현미밥과 톳으로 건강하고
맛있는 김밥을 말아보세요.

2인분 / 전날 30분, 당일 20분

- 현미밥 1공기(180g)
- 김밥 김 2장

밥 양념
- 참기름 1/2큰술
- 소금 1/2작은술
- 참기름 약간

다시마물
- 물 1컵(200㎖)
- 다시마 5×5cm 1장

톳조림
- 톳 100g
- 양조간장 1큰술
- 맛술 1큰술
- 알룰로스 1작은술

당근 볶음
- 당근 1/2개
- 소금 1작은술
- 아보카도유 1큰술

오이절임
- 오이 1개
- 소금 1/2큰술

달걀 지단
- 달걀 2개
- 맛술 1큰술
- 소금 1/2작은술
- 후춧가루 약간
- 아보카도유 1큰술

Tip

톳이 나지 않는 계절에는
염장 톳이나 냉동 톳을 이용할 수
있어요. 달걀 대신 두부를 1cm 두께로
썰어 구운 후 넣어 말아도 담백하고
고소한 톳 김밥을 만들 수 있어요.

전날 준비

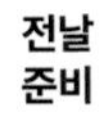

1 톳에 소금(1작은술)을 넣고
조물조물 씻는다. 가운데 줄기를 잡고
톳만 먹기 좋게 톡톡 뜯는다.
볼에 다시마물 재료를 넣어 30분간
우린 후 다시마를 건져낸다.

2 끓는 물(2와 1/2컵)에
소금(1작은술), 톳을 넣어 40초간
데친다. 톳이 초록색으로 변하면
체에 밭쳐 찬물에 헹군 후
물기를 뺀다. 다른 냄비에 다시마물,
톳조림 재료를 넣고 중간 불에서
5분간 끓인다.

3 오이, 당근은 0.5cm 두께로
채 썬 후 각각 볼에 담고
소금에 절인다.

4 볼에 달걀, 맛술, 소금, 후춧가루를
넣고 푼다. 달군 팬에 아보카도유를
두르고 달걀물을 부어 지단을 만든다.
한김 식힌 후 돌돌 말아서 채 썬다.

5 팬을 닦고 다시 달궈
아보카도유를 두르고 당근을 넣고
중간 불에서 5분간 볶는다.
준비한 재료는 냉장 보관한다.

당일 준비

6 볼에 따뜻한 현미밥, 밥 양념 재료를
넣어 골고루 섞는다. 김밥 김 위에
현미밥 1/2분량을 얇게 펴 올린 후
오이, 당근, 톳, 달걀 지단을 올려
김밥을 만다. 같은 방법으로
1개 더 만든 후 한입 크기로 썬다.

겨울 2주차 별식 세트 ①

식전 샐러드

① 샐러드 채소 + 드레싱 ········ 24쪽

식사(미리 준비하면 편해요!)

② 현미 밥버거 ························ 277쪽

현미 밥버거 도시락

빵 대신 현미밥을
햄버거번 모양으로 눌러서
버거를 만들고
고기 패티 대신
채소를 듬뿍 넣어
건강을 챙겼습니다.

1인분 / 전날 10분, 당일 30분

- 현미밥 1공기(180g)
- 달걀 1개
- 양배추 30g
- 당근 20g
- 애호박 20g
- 양파 20g
- 슬라이스 치즈 2장
- 슬라이스 햄 2장
- 깻잎 2장
- 김밥 김 1장
- 아보카도유 3큰술
- 소금 약간
- 후춧가루 약간

양념
- 양조간장 1작은술
- 알룰로스 1/2작은술
- 맛술 1/2작은술
- 참기름 1/2작은술
- 통깨 약간

Tip

현미밥으로 모양내기가 어렵다면?
100% 현미밥 보다는 백미를 섞은 현미밥이 잘 뭉쳐져 모양내기 쉬워요.

전날 준비

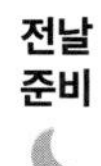

1 양배추, 당근, 양파, 애호박은 채 썬다. 김밥 김은 2등분한다. 볼에 양념 재료를 모두 넣고 섞는다. 준비한 재료는 냉장 보관한다.

당일 준비

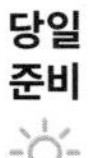

2 현미밥을 1/2분량씩 나눠 햄버거번 모양으로 납작하고 둥글게 편다.

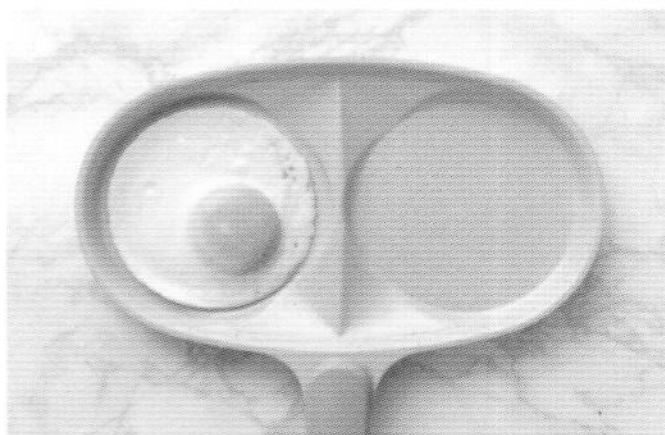

3 달군 팬에 아보카도유 1큰술을 두르고 달걀을 깨뜨려 넣어 중간 불에서 3분간 익히고 뒤집어 1분간 더 익힌 후 불을 끄고 잔열로 익힌다.

4 다른 팬을 달궈 아보카도유 1큰술을 두르고 센 불에서 당근, 애호박, 양파, 양배추, 소금, 후춧가루를 넣고 3분간 볶는다.

5 달군 팬에 아보카도유 1큰술을 두르고 현미밥을 올려 중간 불에서 3분간 익힌 후 뒤집어 2분간 더 익힌다.

6 구운 현미밥 위에 깻잎 1장 → 달걀 프라이 → 슬라이스 치즈 1장 → 슬라이스 햄 1장 → 볶은 채소 → 양념 → 슬라이스 햄 1장 → 슬라이스 치즈 1장 → 깻잎 1장 → 구운 현미밥을 순서대로 얹는다. 김밥 김으로 밥 버거를 감싸 붙인 후 랩으로 포장해서 2등분한다.

겨울 2주차 별식 세트 ②

1

2

식전 샐러드

① 샐러드 채소 + 드레싱 ······ 24쪽

식사(미리 준비하면 편해요!)

② 토마토 아귀조림 ······ 279쪽

토마토 아귀조림 도시락

고단백 저지방 식품인 아귀를
토마토와 함께 조려보세요.
일반적인 아귀찜은 맵고
단 양념에 전분도 들어있어
당뇨인은 쉽게 먹지 못하는
메뉴죠. 그 대신 토마토로 만든
색다른 아귀조림을 소개합니다.
전분이 들어있지 않아
혈당조절에 도움이 된답니다.

2인분 / 전날 25분, 당일 15분

- 아귀 순살 500g
- 토마토 3개(중간 크기, 360g)
- 셀러리 2줄기
- 양파 1/2개(100g)
- 마늘 3개
- 올리브유 1큰술
- 파프리카 가루 1/2큰술(생략 가능)
- 와인 1큰술(또는 맛술, 소주)
- 월계수 잎 1장
- 소금 1/2큰술 + 약간
- 후춧가루 약간

Tip

아귀살은 부서지기 쉬우므로 조심해야 해요. 밀가루를 묻히면 혈당 상승의 원인이 되므로 권하지 않아요.

전날 준비

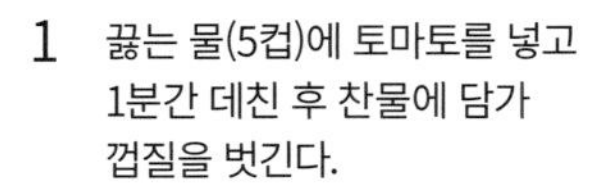

1 끓는 물(5컵)에 토마토를 넣고 1분간 데친 후 찬물에 담가 껍질을 벗긴다.

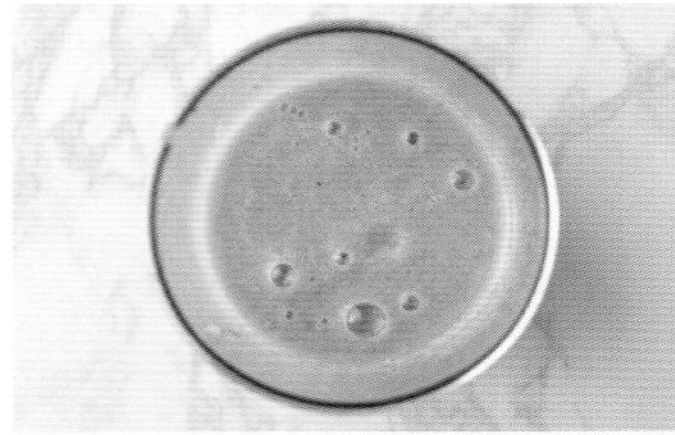

2 믹서에 토마토를 넣어 곱게 간다.
* 믹서가 없을 경우 잘게 다져요.

3 셀러리는 1cm 두께로 어슷 썬다. 양파는 잘게 다지고, 마늘은 편 썬다.

4 아귀 순살은 소금(약간), 후춧가루로 밑간한다. 200°C로 예열한 에어프라이어(오븐)에서 15분간 익힌다. 준비한 재료는 냉장 보관한다.
* 에어프라이어가 없다면 달군 팬에 아보카도유를 두르고 살살 굴려가며 익혀요.

당일 준비

5 달군 팬에 올리브유를 두르고 양파, 마늘을 넣어 중간 불에서 1분간 볶는다. 양파가 투명해지면 중약 불로 줄이고 간 토마토, 셀러리, 와인, 월계수 잎, 소금(1/2큰술)을 넣고 10분간 끓인다.

6 국물이 줄어들면 구운 아귀 순살을 넣고 섞은 후 3분간 더 끓인다.

겨울 3주차

반찬데이

미리 만들어두었다가 일주일간 활용할 수 있는
계절 반찬을 소개합니다.

꼬막무침
281쪽

포항초나물
282쪽

들깨 무나물
282쪽

표고버섯볶음
283쪽

꼬막무침

6인분 / 40분

- 꼬막 1kg(또는 꼬막살 250g)

양념
- 고춧가루 2큰술
- 알룰로스 1큰술
- 양조간장 2큰술
- 맛술 1큰술
- 다진 마늘 2작은술
- 다진 파 2작은술
- 참기름 1큰술
- 통깨 1작은술

1 끓는 물(6컵), 소금(1큰술), 청주(1큰술), 해감한 꼬막을 넣어 한 방향으로 저어가며 삶는다.
  * 한 방향으로 저어가며 삶으면 꼬막살이 한쪽으로 붙어 껍질 깔 때 수월해요.

2 꼬막 세 개 정도가 입을 열면 꼬막을 체에 밭쳐 건지고 그대로 한김 식힌 후 껍질을 깐다.
  * 삶은 꼬막은 찬물에 헹구지 않아요.
  껍질 뒤쪽으로 숟가락을 넣고 비틀면 쉽게 껍질을 깔 수 있어요.

3 볼에 양념 재료를 모두 넣어 골고루 섞는다.

4 ③의 볼에 꼬막살을 넣어 무친다.

포항초나물

4인분 / 20분

- 포항초 200g(또는 시금치)
- 다진 마늘 1작은술
- 다진 파 1작은술
- 국간장 1큰술
- 참기름 1큰술
- 통깨 1작은술

1 끓는 물(4컵)에 소금(1큰술), 포항초를 넣고 30초간 데친다. 찬물에 헹구고 물기를 꼭 짠다.

2 볼에 포항초, 다진 마늘, 다진 파, 국간장을 넣어 살살 무친다.

3 참기름, 통깨를 넣어 한 번 더 버무린다.

들깨 무나물

6인분 / 25분

- 무 지름 10cm, 두께 5cm 크기 1토막(500g)
- 소금 1/2큰술
- 들기름 1큰술
- 다진 마늘 1큰술
- 다진 파 1큰술
- 참치액 1작은술
- 들깨가루 2큰술

1 무는 5cm 길이로 채 썬다.
* 무는 하얀 부분보다 초록 부분을 사용해야 쓰지 않고 달아요.

2 볼에 무, 소금을 넣고 섞어 10분간 재운다.
* 무를 구부렸을 때 부러지지 않고 휘어지면 잘 절여진 것이에요.

3 무를 살짝 눌러 물기를 짠다. 무에서 나온 물 1/2컵은 버리지 말고 둔다.

4 달군 팬에 들기름을 두르고 다진 마늘, 다진 파, 참치액을 넣어 센 불에서 1분간 볶는다. 무를 넣고 3분간 더 볶는다.
* 무가 달라붙거나 타지 않도록 주의해요.

5 중약 불로 줄이고 무에서 나온 물(또는 생수 1/2컵)을 붓고 뚜껑을 덮어 3분간 익힌다. 무가 살캉하게 익으면 뚜껑을 열어 센 불로 수분기를 날리고, 들깨가루를 넣어 섞는다.

표고버섯볶음

4인분 / 20분

- 표고버섯 200g
- 양파 1/4개(50g)
- 아보카도유 1큰술
- 다진 마늘 1작은술
- 다진 파 1작은술
- 통깨 약간

양념

- 양조간장 1큰술
- 알룰로스 1작은술
- 맛술 1작은술
- 참기름 1작은술

1 표고버섯은 밑동을 떼어내고 끓는 물(3컵)에 넣어 2분간 데친 후 찬물에 헹군다.

2 데친 표고버섯은 2개씩 겹쳐 손바닥으로 눌러 물기를 꼭 짜고 0.3cm 두께로 썬다. 양파는 0.3cm 두께로 채 썬다.

3 볼에 양념 재료를 넣어 섞는다.

4 달군 팬에 아보카도유를 두르고 다진 마늘, 다진 파를 넣어 센 불에서 1분, 표고버섯과 양파를 넣어 2분간 볶는다. 양념을 넣어 1분간 더 볶은 후 통깨를 뿌린다.

겨울
3주차
백반 세트 ①

저칼로리 대구 순살구이 + 건새우 아욱국

도시락

식전 샐러드

밥과 국(미리 준비하면 편해요!)

반찬(반찬데이에 한꺼번에 만들어요!)

바로 만드는 반찬(전날 준비해 아침에 만들어도 좋아요!)

건새우 아욱국

아욱국의 아욱은 부드러워
목 넘김이 좋고 다른 메뉴와도
잘 어울립니다. 아욱에는
당뇨에 좋은 베타카로틴이
다량 들어있어요. 단백질과
칼슘이 풍부한 건새우와 함께
끓이면 당뇨 뿐만 아니라
성장기 아이에게도 좋아요.

3인분 / 25분

- 아욱 1줌(100g)
- 두절 건새우 10g
- 대파 흰 부분 15cm
- 된장 1큰술(염도에 따라 가감)
- 다진 마늘 1/2큰술

멸치 다시마 국물

- 국물용 멸치 10마리
- 다시마 5×5cm 1장
- 물 3과 1/2컵(700㎖)

Tip

아욱의 굵은 줄기가 들어가면
질겨질 수 있어요. 건새우 대신
생새우살이나 조개살을 넣어도
감칠맛 가득한 아욱국이 완성돼요.

전날 준비

1 냄비에 멸치 다시마 국물 재료를
넣고 센 불에서 끓인다.
끓어오르면 다시마는 건지고
중간 불로 줄여 10분간 더 끓여
국물용 멸치를 건진다.

2 아욱은 줄기 끝을 꺾어
섬유질을 2~3번 벗긴 후
두꺼운 줄기는 잘라내고
연한 줄기와 잎 부분만 사용한다.

3 물에 담가 주물러 푸른 즙이
나오게 씻은 후 여러 번 헹궈
물기를 꼭 짠다.

4 아욱은 먹기 좋은 한입 크기로
썰고, 대파는 어슷 썬다.

5 ①의 국물에 된장, 고춧가루를 풀고
센 불로 끓인다. 끓어오르면
아욱과 두절 건새우를 넣고
중간 불로 줄여 아욱의 맛이
우러나도록 2분간 뚜껑을 덮고
끓인다.

6 대파, 다진 마늘을 넣고
1분간 더 끓인다.

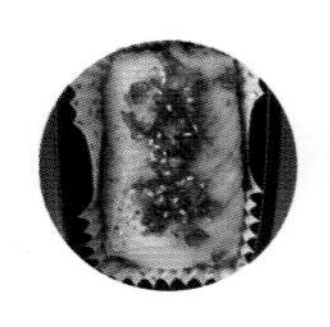

저칼로리 대구 순살구이

담백한 맛의 대표 생선인
대구는 칼로리가 낮고,
단백질은 많은 흰살 생선이에요.
혈당 때문에 고민이 많은
당뇨인에게 좋습니다.
도톰한 대구를 담백하게
구워 양념장을 따로 담아
곁들여보세요.

1인분 / 전날 10분, 당일 20분

- 대구 순살 100g
- 소금 약간
- 후춧가루 약간

양념장

- 다진 파 1큰술
- 다진 마늘 1작은술
- 양조간장 1큰술
- 청주 1작은술
- 알룰로스 1/2작은술
- 참기름 1작은술
- 통깨 약간

Tip

팬에서 익히려면?

대구는 살이 부서지기 쉬우므로
오븐에 굽는 것을 추천해요.
팬에 굽는다면 중약 불에서 한쪽을
최대한 익힌 뒤, 뒤집어 익혀요.
대구 순살 또는 스테이크용으로
구입하면 보다 편리하게 조리할 수
있어요.

전날 준비

1 대구 순살에 소금, 후춧가루를 뿌려
밑간한다.

2 볼에 양념장 재료를 모두 넣어
골고루 섞는다.
준비한 재료는 냉장 보관한다.

당일 준비

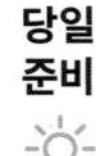

3 200°C로 예열한 에어프라이어
(오븐)에서 18분간 굽는다.
양념장을 따로 담거나,
대구 순살구이 위에 1큰술만 뿌려 담는다.
* 오븐으로 익힐 경우 10분간
구운 후 한번 뒤집어 마저 굽고,
15분이 지나면 오븐을 열어
익은 정도를 확인하세요.

겨울 3주차 백반 세트 ②

돼지목살 된장 양념구이 + 우렁이 순두부찌개

도시락

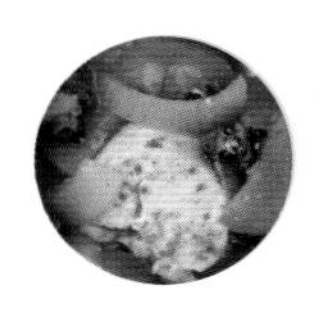

우렁이 순두부찌개

소화기능이 약하다면 두부 대신 순두부가 대안이 될 수 있습니다. 부드러운 순두부와 쫄깃한 우렁이의 식감이 어우지는 우렁이 순두부찌개를 맛있게 만들어 담아보세요.

2인분 / 25분

- 순두부 1봉(300g)
- 우렁이살 100g
- 애호박 1/3개(100g)
- 양파 1/4개(50g)
- 대파 흰 부분 10cm
- 홍고추 1/2개
- 다진 마늘 1/2큰술

멸치 다시마 국물

- 국물용 멸치 10마리
- 다시마 5×5cm 1장
- 물 1컵(200㎖)

양념

- 고춧가루 1큰술
- 국간장 1/2큰술
- 참치액 1큰술

Tip

순두부찌개는 일반적인 국, 찌개보다 물 양을 적게 잡아야 해요.
우렁이가 없다면 다른 해물(오징어, 조개살, 새우 등)로 대체해도 좋아요.

전날 준비

1 우렁이살은 소금물에 흔들어 씻은 후 체에 밭쳐 물기를 뺀다.

2 애호박, 양파는 반달 모양으로 썰고, 대파, 홍고추는 어슷 썬다.

3 냄비에 멸치 다시마 국물 재료를 넣고 센 불에서 끓인다. 끓어오르면 다시마는 건지고, 중간 불로 줄여 10분간 더 끓이고 국물용 멸치를 건진다.

4 ③의 국물에 우렁이살, 다진 마늘을 넣어 중간 불에서 3분간 끓인다.

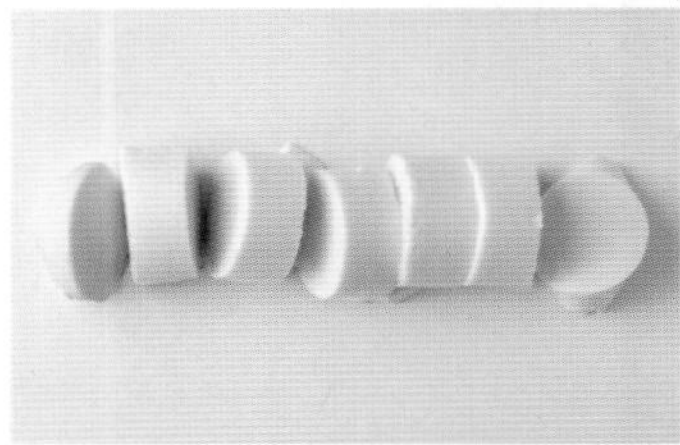

5 순두부는 2cm 두께의 통으로 썬다.

6 ④에 순두부, 애호박, 양파, 양념 재료를 넣어 5분간 끓인다. 대파와 홍고추를 넣어 1분간 더 끓인다.

돼지목살 된장 양념구이

돼지고기 목살을
고추장 양념 대신
된장 양념으로 슴슴하게 재워
바짝 익혀 담습니다.
뼈 있는 돼지 갈비보다
조리도 간편하고 담기도 좋은
포만감을 주는 메뉴입니다.

3인분 / 전날 15분, 당일 15분

- 돼지고기 목살 300g
- 아보카도유 2큰술
- 송송 썬 쪽파 1줄기분(10g)
- 통깨 약간

양념

- 물 1/2컵(100㎖)
- 된장 1큰술
- 양조간장 1큰술
- 청주 1큰술
- 알룰로스 1큰술
- 다진 마늘 1큰술
- 생강가루 1작은술
- 후춧가루 약간

전날 준비

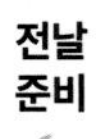

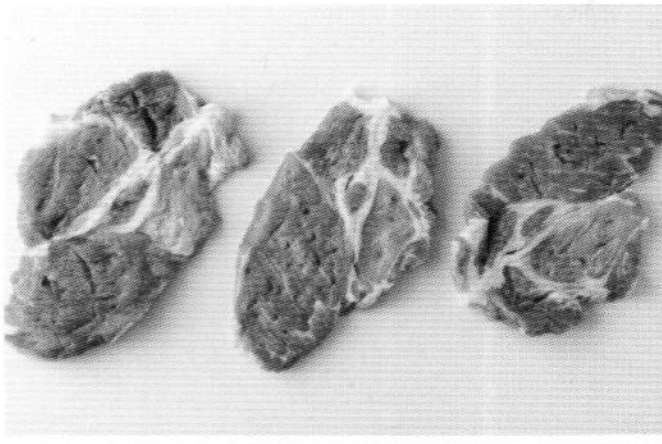

1 돼지고기에 칼끝으로 칼집을 낸다.
* 칼집을 내면 연육이 되고 양념이 잘 스며들어요.

2 볼에 양념 재료를 모두 넣어 섞는다. 돼지고기를 한 장씩 펼쳐 양념을 바른다. 준비한 재료는 냉장 보관한다.

당일 준비

3 달군 팬에 아보카도유를 두르고 양념한 돼지고기를 올려 중약 불에서 5분간 굽는다.
* 양념이 타기 쉬우니 중약 불에서 천천히 구워요.

4 뒤집어 양념이 스며들도록 3분간 더 굽는다. 가위로 한입 크기로 자르고 쪽파, 통깨를 뿌린다.

겨울 3주차 별미밥 세트 ①

식전 샐러드

① 샐러드 채소 + 드레싱 ········ 24쪽

밥과 국(미리 준비하면 편해요!)

② 오색 비빔밥 ········ 293쪽
③ 김칫국 ········ 32쪽

오색 비빔밥 도시락

비빔밥은 채소가 듬뿍 들어간 건강식이지만 양념의 고추장은 찹쌀가루, 물엿, 설탕 때문에 혈당을 급격히 올릴 수 있습니다. 비빔장 양을 줄이고 저당 고추장과 대체 감미료를 사용해 보세요.

1인분 / 전날 30분, 당일 5분

- 현미밥 1공기(180g)
- 들깨 무나물 30g(만들기 282쪽)
- 포항초나물 30g(만들기 282쪽)

쇠고기볶음
- 다진 쇠고기 70g
- 양조간장 1작은술
- 다진 마늘 1작은술
- 다진 파 1작은술
- 후춧가루 약간
- 아보카도유 1작은술

달걀 지단
- 달걀 1개
- 맛술 1작은술
- 소금 약간
- 후춧가루 약간
- 아보카도유 1작은술

당근 볶음
- 당근 1/4개(50g)
- 소금 약간
- 아보카도유 1작은술

비빔장
- 저당 고추장 1작은술
- 알룰로스 1/2작은술
- 양조간장 1작은술
- 참기름 1/2작은술
- 통깨 약간

Tip

토핑이 너무 크면 비비기 어려워요. 잘게 넣어주세요. 또한 넉넉한 용기에 담아야 비빌 때 넘치지 않아요.

전날 준비

1 당근은 3cm 길이로 가늘게 채 썬다. 볼에 비빔장 재료를 넣어 골고루 섞는다.

2 볼에 쇠고기볶음 재료 중 아보카도유를 제외한 나머지 재료를 넣고 버무린다.

3 볼에 달걀, 맛술, 소금, 후춧가루를 넣고 잘 섞는다. 달군 팬에 아보카도유(1작은술)를 두르고 달걀물을 부어 약한 불에서 3분간 익혀 달걀 지단을 만든다.

4 달걀 지단은 한김 식힌 후 돌돌 말아 가늘게 채 썬다.

5 다른 팬을 달궈 아보카도유(1작은술)를 두르고 당근, 소금을 넣어 중간 불에서 3분간 볶은 후 덜어둔다.

당일 준비

6 ⑤의 팬을 닦고 달군 후 아보카도유(1작은술)를 두르고 ②의 쇠고기를 넣어 중간 불에서 5분간 볶는다. 들깨 무나물, 포항초나물은 비비기 쉽도록 잘게 썬 후 냉장 보관한다. 다음 날 용기에 현미밥을 담은 후 모든 재료를 돌려 담는다.

겨울
3주차
별미밥 세트 ②

저당 하트 오므라이스 + 닭봉 오븐구이

도시락

식전 샐러드

밥과 국(미리 준비하면 편해요!)

바로 만드는 반찬(전날 준비해 아침에 만들어도 좋아요!)

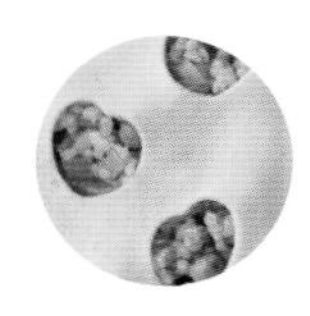

저당 하트 오므라이스

오므라이스는 고단백식품인 달걀과 각종 채소가 들어가 혈당 관리에 좋지만, 소스는 혈당을 상승시킵니다. 토마토와 무가당 토마토 케첩을 현미밥과 함께 볶아 건강한 오므라이스를 완성했어요.

1인분 / 전날 30분, 당일 30분

- 현미밥 1공기(180g)
- 다진 돼지고기 40g
- 달걀 1개
- 토마토 1/2개(80g)
- 양파 1/4개(50g)
- 당근 1/10개(20g)
- 삶은 완두콩 20g
- 소금 1작은술 + 약간
- 후춧가루 약간
- 청주 1작은술
- 무가당 토마토 케첩 1큰술
- 아보카도유 2큰술

Tip

도시락 용기를 먼저 정하고 담음새를 고려해서 달걀 지단을 준비해요. 달걀 지단이 너무 얇으면 찢어질 수 있어요. 일반 토마토 케첩은 당 함량이 높으니, 무가당 토마토 케첩이나 저당 토마토 케첩을 추천해요. 토마토 케첩 대신 토마토를 잘게 썰어 넣어도 맛있습니다.

전날 준비

1 토마토는 사방 1cm 크기로 썬다. 당근, 양파는 잘게 다진다.

2 다진 돼지고기에 청주, 후춧가루를 넣어 잘 버무린다.
* 돼지고기 대신 베이컨이나 다진 쇠고기를 사용해도 좋아요.

3 볼에 달걀, 소금(약간)을 넣어 잘 섞는다. 달군 팬에 아보카도유(1큰술)를 두르고 달걀물을 부어 중약 불에서 5분간 익혀 지단을 만든다. 한 면이 익으면 불을 끄고 뒤집어 잔열로 익힌 후 한 김 식힌다. 준비한 재료는 냉장 보관한다.

당일 준비

4 달군 팬에 아보카도유(1큰술)를 두르고 돼지고기를 넣고 센 불에서 3분간 볶은 후 당근, 양파, 소금(1작은술), 후춧가루를 넣고 1분간 더 볶는다.

5 토마토, 현미밥, 무가당 토마토 케첩을 넣어 골고루 섞은 후 삶은 완두콩을 넣어 1분간 더 볶는다.
* 생 완두콩을 사용할 경우 과정 ④에서 돼지고기 다음에 넣어 충분히 볶아 익혀요.

6 달걀 지단은 하트모양 쿠키커터를 이용해 모양을 낸 후 볶음밥 위에 올린다. * 구멍 주변은 찢어지기 쉬우니 조심해서 담아요.

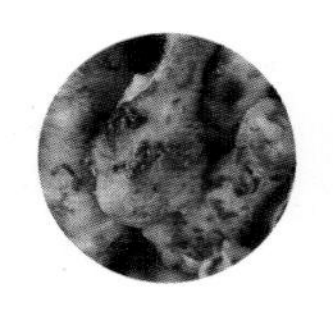

닭봉 오븐구이

닭고기는 지방 함량이 적고 다른 고기보다 고단백 식품입니다. 닭고기 부위 중에서 부드럽고 쫄깃한 식감으로 인기있는 닭봉으로 맛있는 요리를 즐겨보세요.

2인분 / 전날 30분, 당일 30분

- 닭봉 10개(300g)
- 파슬리가루 약간
- 통깨 약간

밑간
- 맛술 1큰술
- 다진 마늘 1작은술
- 소금 1작은술
- 후춧가루 약간

양념
- 맛술 1작은술
- 양조간장 1작은술

전날 준비

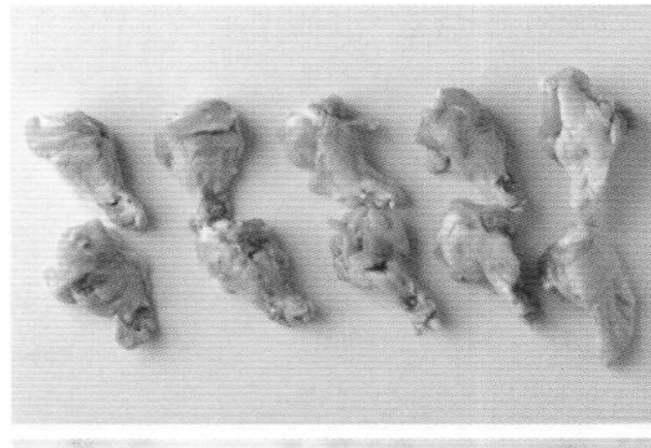

1 닭봉 양쪽에 칼집을 낸다.

2 볼에 밑간 재료, 닭봉을 넣어 버무린다.

3 볼에 양념 재료를 넣어 골고루 섞는다. 준비한 재료는 냉장 보관한다.

당일 준비

4 200°C로 예열한 에어프라이어(오븐)에서 16분간 굽는다. 타지 않도록 중간에 뒤집는다.

5 닭봉에 양념을 얇게 바르고 2분간 더 굽는다. 파슬리가루, 통깨를 뿌린다.

겨울 3주차 별식 세트 ①

식전 샐러드

① 샐러드 채소 + 드레싱 ········ 24쪽

식사(미리 준비하면 편해요!)

② 시금치 프리타타 ················ 299쪽

시금치 프리타타 도시락

프리타타는 달걀을
여러가지 재료와 함께 만드는
이탈리아식 오믈렛이에요.
육류, 채소, 파스타 등
취향껏 넣어서 만들 수 있고,
따뜻하게 또는 차갑게 먹을 수
있어서 도시락 메뉴로 좋아요.

2인분 / 전날 20분, 당일 20분

- 시금치 30g
- 달걀 4개
- 우유 1/2컵(100㎖)
- 팽이버섯 50g
- 베이컨 1줄(20g)
- 양파 1/4개(50g)
- 방울토마토 10개(150g)
- 슈레드 피자 치즈 30g
- 소금 1/2작은술
- 후춧가루 약간
- 아보카도유 1큰술

Tip

너무 높은 온도에서 익히면
겉면만 과도하게 익고,
너무 낮은 온도에서 익히면
안쪽이 제대로 익지 않을 수 있어요.

전날 준비

1 시금치는 2cm 폭으로 썬다.
팽이버섯은 뿌리 부분을 제거하고
2cm 길이로 썬다.
양파는 채 썬 후 2cm 길이로 썬다.

2 방울토마토는 2등분하고,
베이컨은 1cm 폭으로 썬다.
준비한 재료는 냉장 보관한다.

당일 준비

3 볼에 달걀, 우유, 소금, 후춧가루를
넣어 골고루 푼다.

4 달군 팬에 아보카도유를 두르고
시금치, 팽이버섯, 양파, 베이컨을
넣어 센 불에서 시금치의 숨이
죽을 때까지 1분간 볶는다.

5 약한 불로 줄여 방울토마토,
슈레드 피자 치즈를 넣고
달걀물을 붓고 뚜껑을 덮어
10분간 익힌다. 한김 식힌 후
꺼내어 먹기 좋은 크기로 썬다.

겨울 3주차 별식 세트 ②

채소 듬뿍 연어 포케 도시락

포케는 전통 하와이 음식으로 신선한 해산물과 채소를 바탕으로 만든 요리입니다. 오메가 3 지방산이 풍부한 연어를 신선한 샐러드와 함께 넣으면 예쁘고 건강한 한끼 식사가 됩니다.

1인분 / 전날 30분, 당일 15분

- 현미밥 2/3공기(140g)
- 연어 60g
- 병아리콩 20g
- 비타민 10g
- 양상추 20g
- 아보카도 1/2개
- 적양파 20g(또는 양파)
- 당근 20g
- 후춧가루 약간
- 레몬 슬라이스 1조각

연어 밑간

- 양조간장 1큰술
- 맛술 1큰술
- 생와사비 1/2작은술
- 후춧가루 약간

당근 절임 양념

- 올리브유 1작은술
- 홀그레인 머스터드 1/2작은술
- 레몬즙 1작은술
- 알룰로스 1/2작은술
- 소금 약간
- 후춧가루 약간

소스

- 양조간장 1큰술
- 맛술 1큰술
- 생와사비 1/2작은술

Tip

도시락에 담아야 하므로 연어의 선도가 더 중요해요.

전날 준비

1 볼에 병아리콩, 잠길 만큼의 물을 붓고 6시간 이상 불린다.

2 끓는 물(2와 1/2컵)에 굵은 소금(1작은술), 불린 병아리콩을 넣어 중약 불에서 20분간 삶는다. 불을 끄고 체에 밭쳐 그대로 식힌다.
* 콩을 삶을 때 생기는 거품은 걷어내고, 물이 넘치면 중간중간 물을 조금씩 보충해요.

3 비타민, 양상추는 한입 크기로 썬다. 적양파를 얇게 채 썰어 얼음물에 5분 이상 담가 매운맛을 뺀 후 물기를 제거한다.

4 당근은 채 썰어 볼에 담고 당근 절임 양념 재료에 버무린다. 준비한 재료는 냉장 보관한다.

당일 준비

5 연어는 사방 1cm 크기로 썰고 키친타월에 올려 기름기를 제거한 후 연어 밑간 재료에 버무린다.

6 볼에 소스 재료를 넣어 섞는다. 현미밥에 모든 재료를 돌려 담는다.
* 도시락에 소스는 따로 담아 곁들여요.

알아두면 평생 유용하게 써먹는 식품교환표 이해하기

당뇨인이 알맞은 식사량과 음식을 골고루 먹기 위해 '식품교환표'를 활용할 것을 적극 추천합니다.
식품교환표는 대한당뇨병학회에서 정리한 것으로, 일상생활에서 주로 섭취하는 식품들을 영양소 구성이 비슷한 6개의 식품군(곡류군, 어육류군, 채소군, 지방군, 우유군, 과일군)으로 구분해 놓은 표입니다.

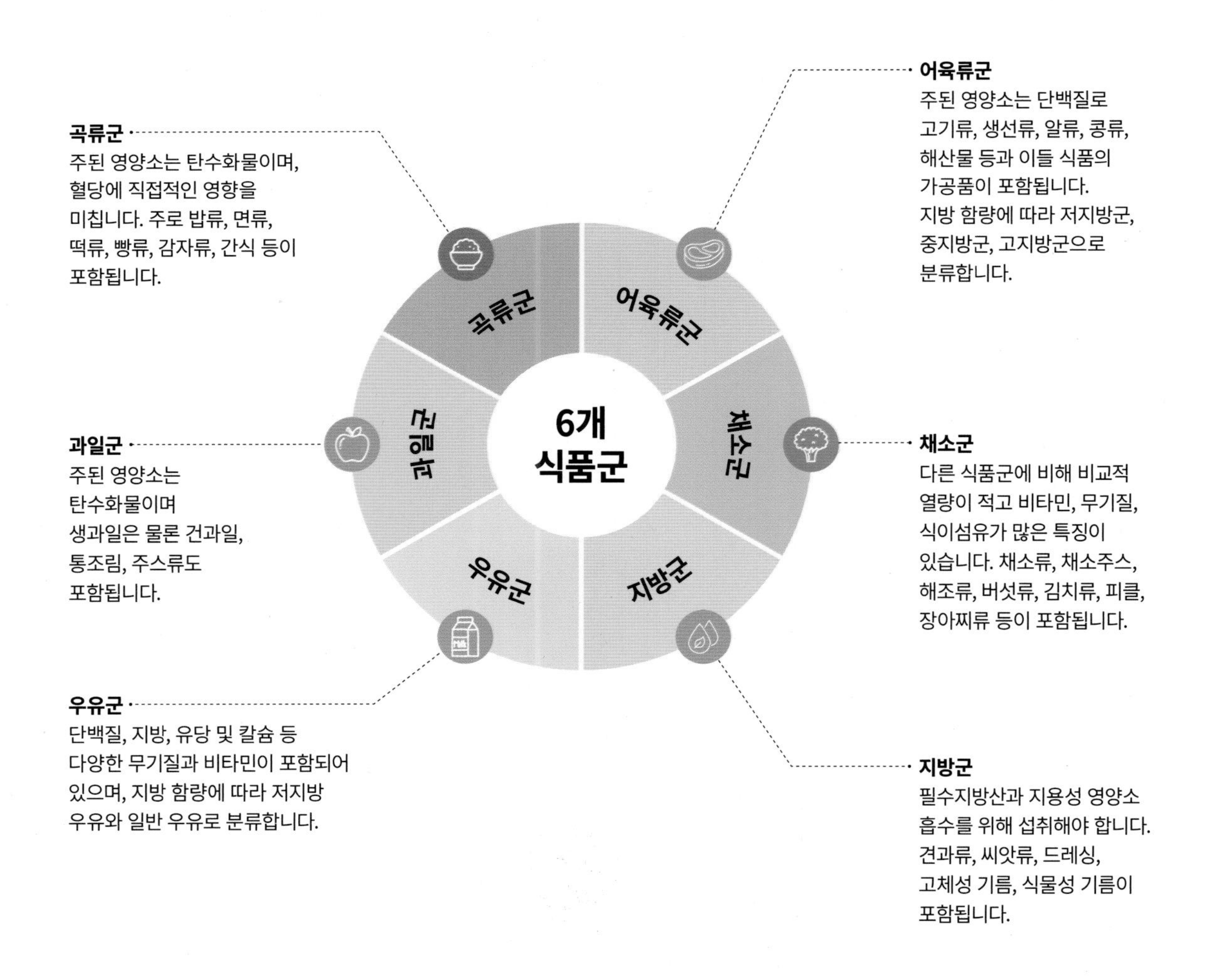

1 교환단위란?

6개 식품군마다 기준 영양소에 맞도록 식품의 중량을 정한 값을 '1 교환단위'라고 합니다.
각 식품군별로 1 교환단위는 영양소 함량이 비슷하므로 서로 바꿔 먹을 수 있습니다.

곡류군 1 단위는 100kcal, 탄수화물 23g, 단백질 2g을 포함하는 식품이 기준입니다.
이는 밥으로는 70g(1/3공기) 이고, 식빵은 35g(1쪽)에 해당됩니다.
같은 곡물군의 1 교환단위이기 때문에 밥 70g(1/3공기) 대신에 식빵 35g(1쪽)으로 바꿔 섭취할 수 있습니다.

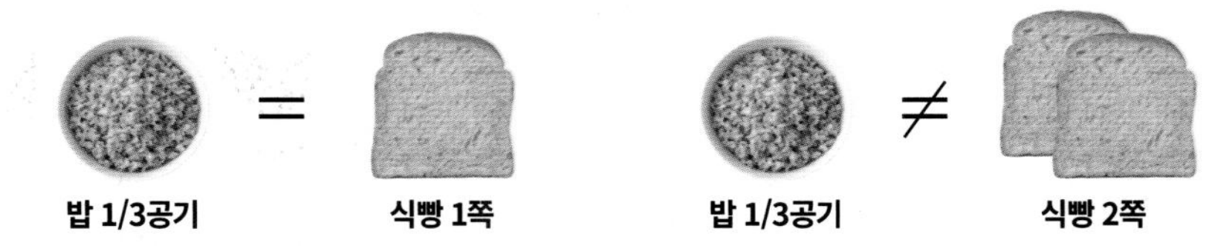

하지만 곡류군 1 단위와 어육류군 1단위는 에너지 및 영양소 함량이 다르기 때문에
서로 교환하여 섭취할 수 없습니다.

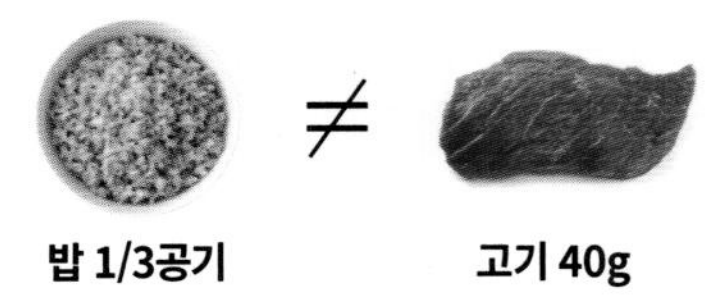

만약 아침식사로 곡류군 3단위를 섭취할 수 있다면 밥 210g(1공기)를 먹을 수 있으며,
밥 대신 빵을 먹고 싶다면 식빵 105g(3쪽)으로 대신할 수 있습니다.

당뇨환자의 당뇨식단에 식품 교환단위를 이용하면 알맞은 식사량을 정할 수 있으며,
다양한 식품들을 골고루 자유롭게 이용할 수 있습니다.

식품교환표의 6개 식품군(곡류군, 어육류군, 채소군, 지방군, 우유군, 과일군)과
각 6개의 식품군의 1 교환단위을 자세히 알고 싶다면 옆의 QR코드를 눌러 확인하세요.

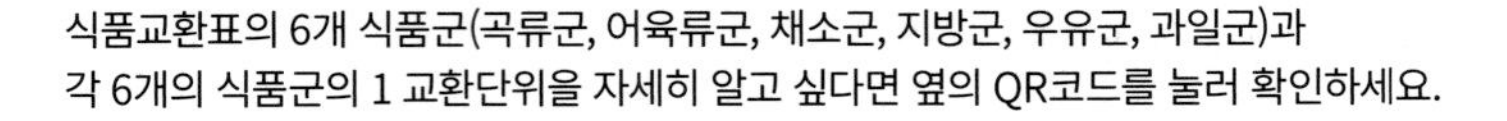

저자 블로그 참고하기

참고 / 탄수화물 식품의 식품교환표 (1 교환단위 기준)

쌀밥이나 현미밥 1/3공기(70g) = 쌀죽 2/3공기(140g) = 건조 누룽지 30g = 오트밀 30g
= 밀가루 5큰술(30g) = 식빵 1쪽(35g) = 건조 국수 또는 스파게티면 30g
= 가래떡이나 백설기, 시루떡 50g = 송편 2개(50g) = 인절미 3개(50g)
= 감자 1개(140g) = 고구마 또는 옥수수 1/2개(70g) = 병아리콩 또는 렌틸콩 30g = 생완두콩 1/2컵(70g)

이하 출처 : 대한당뇨병학회

나의 에너지 필요량에 맞춰 식품교환표로 식단 구성하기

당뇨인이 1일 필요한 에너지를 섭취하고자 할 때에는 6가지 식품군이 고루 배분될 수 있도록 식사를 계획해야 합니다. 우리나라 성인은 전체 에너지 섭취량의 65~70%를 탄수화물로 섭취하고 있어, 다른 나라에 비해 높은 편이죠. 이를 줄이기 위해 일반적으로 성인 당뇨인(다른 합병증 없는 경우)에게는 탄수화물 50~55%를 적용해 교환단위수를 배분하면 됩니다. 하지만 개인의 식습관과 선호도에 따라 탄수화물 40~45%, 60~65%의 식품군 교환단위수를 배분할 수도 있습니다.
예시로 저와 남편의 당뇨 식단을 작성했으니 여성이라면 제 사례를, 남성이라면 남편의 사례를 참고하세요.

표준체중 계산하기

표준체중을 구하는 방법은 여러 가지가 있으나 비교적 쉽고 정확한 방법은 다음과 같습니다.

남자 표준체중(kg) = 키(m) × 키(m) × 22
여자 표준체중(kg) = 키(m) × 키(m) × 21

1일 에너지 필요량 계산하기

표준체중을 구했다면, 이번에는 1일 에너지 필요량을 계산하세요.
하루에 섭취해야 할 음식의 에너지는 각자의 표준 체중과 활동 정도에 따라 달라집니다.

육체활동이 거의 없는 경우 표준체중 × 25~30(kcal/day)
보통 육체활동을 하는 경우 표준체중 × 30~35(kcal/day)
심한 육체활동을 하는 경우 표준체중 × 35~40(kcal/day)

식품교환표로 식단 구성하는 방법에 대한 보다 자세한 설명은 아래 QR코드를 눌러 확인하세요.

저자 블로그 참고하기

01 단계 평소 식사량 평가하고, 에너지 필요량 계산하기

저의 표준체중과 1일 에너지 섭취량을 구해보겠습니다.

키 1.67m, 표준체중은 1.67 × 1.67 × 21 = 58.6 kg
1일 에너지 필요량은 58.6 × 32 = 1875.2 kcal (보통 육체활동 적용, 약 1800kcal)

남편의 표준체중과 1일 에너지 섭취량을 구해보겠습니다.

키 1.74m, 표준체중은 1.74 × 1.74 × 22 = 66.6 kg
1일 에너지 필요량은 66.6 × 32 = 2131.2 kcal (보통 육체활동 적용, 약 2100kcal)

02 단계 — 에너지 필요량에 맞춰 각 식품군별 교환단위수 정하기

자신의 표준체중에 맞는 에너지 필요량을 계산했다면, 식품교환표를 이용하여 당뇨 식단을 작성합니다. 제일 먼저 탄수화물 50~55% 섭취를 기준으로 1800kcal(제 경우), 2100kcal(남편의 경우)에 해당하는 식품군 교환단위수를 살펴보면 다음과 같습니다.

[에너지 필요량에 맞춰 식품군별 교환단위수 배분(탄수화물 50~55%)]

에너지 (kcal)	곡류군	어육류군		채소군	지방군	우유군		과일군
		저지방	중지방			저지방	일반	
1800	8	3	3	8	5	1	1	1
2100	9	3	4	8	6	1	1	2

03 단계 — 끼니별로 교환단위수 배분하기

이제 1일 식품군 교환단위수를 아침, 점심, 저녁 끼니별로 배분합니다. 이 과정 후에는 교환단위수에 맞춰 식품과 분량을 정하고, 이를 활용한 메뉴와 식단을 구성하면 됩니다. 같은 식품군의 같은 교환단위끼리는 서로 대체가 가능하니 취향에 따라 선택하세요.

[1일 에너지 필요량 1800 kcal 의 1일, 1끼 식품군별 교환단위수(탄수화물 섭취비율 50~55%)]

	곡류군	어육류군			채소군	지방군	우유군		과일군
		저지방	중지방	고지방			저지방	일반	
1일 교환단위	8	3	3	-	8	5	1	1	1
1끼 교환단위	2 ~ 3	2		-	2.5 ~ 3	1 ~ 2			

[1일 에너지 필요량 2100 kcal 의 1일, 1끼 식품군별 교환단위수(탄수화물 섭취비율 50~55%)]

	곡류군	어육류군			채소군	지방군	우유군		과일군
		저지방	중지방	고지방			저지방	일반	
1일 교환단위	9	3	4	-	8	6	1	1	2
1끼 교환단위	3	2 ~ 3		-	2 ~ 3.5	2			

영양성분표를 통해 가공식품 속 당질 확인하기

건강을 위해서는 가공식품의 횟수를 줄여야 합니다. 가공식품을 피할 수 없다면 똑똑하게 선택해야 하죠. 가공식품에 뒷면에 기재되어 있는 영양성분표를 살펴보면 제품의 열량과 들어있는 영양소를 확인할 수 있는데요, 특히 당뇨인의 경우에는 영양성분표를 꼼꼼하게 확인해 당류 함량이 낮은 제품을 선택해야 해요.

영양정보	총 내용량 00g 000kcal
❶ 00g당(1회 제공량)	1일 영양 성분 기준치에 대한 비율
❷ 나트륨 00mg	❸ 00%
탄수화물 00g	00%
당류 00g	00%
식이섬유 00g	00%
지방 00g	00%
트랜스지방 00g	00%
포화지방 00g	00%
콜레스테롤 00mg	00%
단백질 00g	00%

1일 영양 성분 기준치에 대한 비율(%)은 2,000kcal 기준이므로 개인의 필요 열량에 따라 다를 수 있습니다.

총 내용량과 1회 제공량 확인
영양성분표에는 제품의 총 내용량과 함께 1회 제공량(100g이나 100㎖, 1조각이나 1개 등)을 기준으로 영양성분의 양과 비율(%)을 표시하고 있습니다. 1회 제공량은 식품회사가 자율적으로 설정한 것으로 권장 섭취량은 아닙니다.

1회 제공량당 영양소 함량 확인
1회 제공량에 각각의 영양소(열량, 나트륨, 탄수화물, 당류, 지방, 트랜스지방, 포화지방, 콜레스테롤, 단백질 등)가 얼마나 포함되었는지 확인합니다.

% 영양소 기준치 확인
해당 식품의 영양소를 잘 비교할 수 있도록 1일 영양소 기준치를 영양성분표에 표시하고 있습니다. 하루에 섭취해야 할 영양소의 양을 100%라고 했을 때 해당 제품의 1회 제공량에 포함된 영양소 함량의 비율을 알 수 있습니다.

식품, 음식 영양성분 참고 사이트

국가표준식품 성분표
농촌진흥청 국가표준식품성분표를 확인할 수 있어요. 국가표준식품성분 DB 10.0에는 2024년 기준 식품 3310점에 대한 최대 130종의 영양성분 정보가 수록되어 있습니다.
* 농식품올바로 홈페이지
→ 식풍영양기능성 정보
→ 국가표준식품성분표

메뉴젠
농촌진흥청에서 개발한 식품 영양정보와 음식데이터베이스를 이용하여 사용자가 직접 식단을 작성하여 한국인 영양소 섭취기준을 바탕으로 1일 영양소 섭취량을 평가할 수 있는 프로그램입니다.
* 농식품올바로 홈페이지
→ 건강식단관리 → 식단작성(메뉴젠)

식품영양성분 데이터베이스
식품의약품안전처 식품영양성분 데이터베이스를 확인할 수 있어요. 다양한 식품영양성분 자료원을 통해 구축된 가공식품, 농축산물, 수산물, 음식의 식품영양성분 데이터베이스를 제공하고 있습니다.
* 식품안전나라 홈페이지
→ 건강 영양 → 식품영양성분DB

속기 쉬운 시판 간식거리에 대한
영양성분표 읽는 방법은
아래의 QR코드를 눌러 확인하세요.

저자 블로그 참고하기

깐깐하게 골라야 하는 가공식품
영양성분표 읽는 방법은
아래의 QR코드를 눌러 확인하세요.

저자 블로그 참고하기

당뇨인이 영양성분표 읽을 때 특히 신경써야 하는 점

- 무엇보다 탄수화물과 당류에 신경을 써야 합니다. '탄수화물'은 혈당을 올리는 '당질'과 몸 안에 흡수되지 못하고 배출되는 '식이섬유'로 구성되어 있습니다.

탄수화물 = 당질 + 식이섬유

- '당질'은 다시 단당류(포도당, 과당 등), 이당류(설탕, 유당 등), 다당류(전분)로 나뉘는데, 그 중에서 단당류와 이당류를 합하여 '당류'라고 합니다.

당질 = 당류(단당류 + 이당류) + 다당류(전분)

- 당뇨인들은 영양성분표에서 **탄수화물에서 식이섬유를 제외한 '당질'과 특히 더 몸에서 빠르게 흡수되는 '당류'의 양을 확인하고 섭취량을 조절**해야 합니다.

- 식품의약품안전처에서는 **탄수화물 1일 영양성분 기준치를 324g, 당류는 100g으로 지정**하였으나 **세계보건기구(WHO)는 당류 섭취량을 50g으로 권고**하고 있기 때문에 더욱 관심을 가지고 살펴봐야 합니다. 대체 감미료는 당류에 포함되지 않기 때문에 영양성분표에는 당류 항목에 표시되지 않습니다.

영양정보	총 내용량 420g 100g 당 271kcal
100g당	1일 영양 성분 기준치에 대한 비율
나트륨 380mg	**19%**
탄수화물 46g	**14%**
당류 5g	**5%**
식이섬유 5g	**20%**
지방 6g	**11%**
트랜스지방 0g	
포화지방 1.5g	**10%**
콜레스테롤 2mg	**1%**
단백질 12g	**22%**

예시 / 영양성분표 읽기

- 이 영양성분표는 100g당 탄수화물 46g, 당류 5g, 식이섬유 5g으로 표시되어 있습니다.
  탄수화물(46g) - 식이섬유(5g) = 당질(41g)
  즉, 당질 41g 중에서 당류가 5g 들어있다는 의미입니다.

- 이 제품 영양성분표는 100g당 영양소 함량을 표시한 것이므로 총 내용량 420g을 모두 섭취한다면 당질은 172.2g, 당류는 21g을 먹게 됩니다.
  당질 41g × 4.2 = 172.2g / 당류 5g × 4.2 = 21g

"이 책의 모든 도시락은 아내가 제게 만들어준 것들이고, 효과를 봤던 음식들입니다"

어릴 때부터 저는 감기는 항상 끼고 살았고, 잔병치레가 많았습니다. 몸이 허약한지라 무슨 일이 있어도 삼시세끼 꼬박 챙겨 먹었고, 간식이나 야식도 영양 보충이라 생각하고 수시로 먹었습니다. 결혼 후 마음이 편해지고 스트레스도 조절할 수 있게 되자 배도 나오고 체중도 늘어났습니다. 하지만 허약했던 어린 시절 식습관은 계속 유지하게 되더군요.

그런데 언제부턴가 머리가 무겁고, 몸이 쉽게 지치고 항상 피곤했습니다. 식사 후 졸립기도 하고요. 그럴수록 식사량을 늘리고, 야식도 자주 먹었습니다. 그러다 2년 전 건강 검진에서 당뇨 판정을 받았습니다. 충격이었습니다. 평소에 술, 담배도 안하고 음식도 골고루 가리지 않고 먹는데 왜 당뇨에 걸렸는지 의문이었습니다.

아내는 제가 당뇨라는 말에 바로 식단을 바꿨습니다. 식사 시작 전에 샐러드부터 먹기 시작했습니다. 잡곡밥을 정확하게 정량해 먹었습니다. 그리고 무엇보다 도시락을 꼭 싸가지고 다녔습니다. 간식도 끊었고요. 처음 한 달간은 너무 허기지더군요. 배고파서 일하기가 힘들었습니다. 어느덧 시간이 지나니 허기도 사라지고 혈당 수치와 당화혈색소 수치가 떨어지기 시작했습니다.

아내는 당뇨 관련 책들을 읽으면서 당뇨 공부를 했습니다. 저도 아내 옆에서 함께 읽다보니, 제가 왜 당뇨에 걸렸는지 알게 되었습니다. 문제는 정제된 탄수화물과 단순당 위주의 식사였습니다. 아내는 제가 먹던 일상식을 저당, 저탄수식으로 자연스럽게 바꾸는 당뇨 식단을 연구했습니다. 더 다양한 채소가 식탁에 올라왔고, 새로운 잡곡들로 밥을 지었습니다.
먹기 좋은 저당 식품으로 식단을 구성했습니다.

아직 당뇨약을 복용하고 있지만, 이제는 당뇨 수치가 거의 정상단계에 도달했습니다. 체중도 12kg이나 감량했고, 체력도 좋아졌습니다. 피곤함은 사라지고, 낮잠도 자지 않습니다. 이 모든 것이 집에서 먹는 식단뿐 아니라 밖에서 먹을 도시락까지 준비해준 아내 덕분입니다.
저는 아내가 누구보다 더 당뇨에 대해 공부하고, 당뇨식을 연구했다고 자신 있게 말할 수 있습니다.

이제 그 노력의 결과로 아내가 당뇨인을 위한 저당 식단과 도시락 책을 출판합니다. 이 책에 나오는 모든 도시락은 저에게 싸주고, 효과를 봤던 음식들입니다. 아내는 책을 내기 위해서 당뇨와 관련된 논문도 찾아보고, 당뇨식에 들어가는 식품도 하나하나 다시 점검했습니다.
최근에 젊은 당뇨인들이 늘어난다고 합니다. 혈당 관리가 필요한 분들에게 아내의 노하우가 담긴 이 책이 부디 많은 도움이 되었으면 좋겠습니다.

——— 혈당 관리에 성공한 남편 이종범

가나다 순

재료별

참고 문헌

* 당뇨병의 정석 (대한당뇨병학회 저 / 비타북스 출판)
* 당뇨병 식사 계획을 위한 식품교환표 활용지침 (대한당뇨병학회 저 / 마루 출판)
* 글루코스 혁명 (제시 인차우스페 저 / 조수빈 역 / 조영민 감수 / 아침사과 출판)
* 간식 혁명 (아다치 가요코 저 / 채숙향 역 / 일요일 출판)

<당뇨 잡는 사계절 저당 식단 & 도시락>과 함께 보면 좋은 책

<당뇨와 고혈압 잡는 저탄수 균형식 다이어트>
윤지아 지음 / 208쪽

당뇨 전단계에서 혈당, 혈압, 체중까지 정상으로 돌아온 셰프의 맛보장 저탄수 레시피

- 달걀&오트밀 요리, 수프, 샐러드, 밥&면, 일품요리, 음료&간식 등 84가지 저탄수 균형식 레시피
- 당뇨 전단계 진단을 받은 요리연구가인 저자가 직접 개발하고 식단을 통해 실천한 메뉴 수록
- 저탄수 균형식을 위한 저탄수 밥, 저탄수 홈메이드 소스, 드레싱, 육수 등 알짜 정보 소개
- 전문 영양사의 정확한 1인분 영양 분석, 영양 전문가의 자문으로 믿을 수 있는 탄탄한 내용

항염 효과 뛰어난 10가지 채소로 만든 쉽고, 맛있는 쿡언니네 건강 집밥

- 양배추, 당근, 토마토, 버섯 등 익숙한 채소로 만드는 유튜브 43만 구독자의 건강한 항염 집밥
- 밥 반찬부터 샐러드, 수프, 한그릇 식사, 일품요리, 간식까지 86가지 맛보장 레시피
- 콩류, 두부, 달걀, 올리브유, 들기름 등 염증 줄이고 영양 채우는 다양한 부재료 사용
- 고온에서 굽거나 튀기기 대신 당독소 없는 찌거나 삶거나, 저온에서 굽는 조리법 이용

<만성염증과 독소 잡는 쿡언니네 채소 항염식>
이재연 지음 / 232쪽

늘 곁에 두고 활용하는 소장 가치 높은 책을 만듭니다 레시피팩토리

홈페이지 www.recipefactory.co.kr

당뇨 잡는 사계절 저당 식단 & 도시락

1판 1쇄 펴낸 날 2024년 10월 15일
1판 3쇄 펴낸 날 2025년 5월 2일

편집장 김상애
편집 김민아
디자인 원유경
사진 박형인(studio TOM)
요리 어시스트 서영란
기획 · 마케팅 내도우리, 엄지혜

편집주간 박성주
펴낸이 조준일

펴낸곳 (주)레시피팩토리
주소 서울특별시 용산구 한강대로 95 래미안용산더센트럴 A동 509호
대표번호 02-534-7011
팩스 02-6969-5100
홈페이지 www.recipefactory.co.kr
애독자 카페 cafe.naver.com/superecipe
출판신고 2009년 1월 28일 제25100-2009-000038호

제작 · 인쇄 (주)대한프린테크

값 25,000원

ISBN 979-11-92366-44-9